博物馆里看文明

图解北京中轴线

姚珊珊 朱光千 著

欧阳星 绘

电子工业出版社

Publishing House of Electronics Industry

北京 · BEIJING

序言一

　　2021 年夏天，我和艺术家欧阳星、建筑师朱光千，以及电子工业出版社编辑王薪茜第一次聚在一起，我们四人对北京中轴线沿线建筑都有强烈的兴趣和信心，一拍即合，确定了"北京中轴线"的图书选题，我和朱光千负责文字部分的内容，同时朱光千还负责绘制建筑结构，欧阳星则在已有作品的基础上完善其他北京中轴线沿线建筑的创作。那段时间我正在做关于北京城市雕塑的研究，对公共雕塑、公共建筑的文化记忆媒介属性，以及其与城市历史、城市文化的双向度关系较为关注。当时北京中轴线热度颇高，令人欣喜的是这条城市轴线上的建筑因此被更多的人关注、欣赏。

　　关于北京中轴线沿线建筑的书籍多为学术研究类，以大众的视角去阅读难免感到晦涩。建筑本身具有纪念碑式的历史属性，也有跨越历史的变化的使用功能，还是城市文化的具象表达，我意识到出版这样一部介绍北京中轴线沿线建筑的大众图书的必要性。但正因为是科普类图书，对知识表述的方法要求较高，与严肃的学术写作不同，与轻松的自我表达不同，这是一个在建构理解基础上进行技术性输出的过程，前提是用产出的知识形塑读者关于北京中轴线沿线建筑的某种认识，我想这是写作的挑战，但也是一直以来自我价值的一种实现。

　　讲述北京中轴线沿线建筑，是讲述建筑本身的特点和美感，也是讲述中国建筑发展的历史，更是讲述北京城营建的历史。关于建筑本身的介绍是科普式的，我尝试从读者的角度出发，讲述他们感兴趣的内容。关于建筑的选择也是从这个角度出发，如太庙、社稷坛等坛庙建筑，中国国家博物馆、人民大会堂等公共建筑，以及鸟巢、水立方等体育类建筑，它们展示了多样化的建筑类型，增加了传统北京中轴线建筑的丰富性。

这种丰富性也与建筑历史的表达意图有关，北京中轴线沿线建筑涵盖了元、明、清的古代建筑式样，也包括 20 世纪五六十年代的大型建筑样式，还包括现代体育馆、机场等公共建筑。因此，北京中轴线也是一条关于中国建筑历史的"观展"路线，沿途建筑体即是这部建筑史展览的展品，能最直观地看到不同时期建筑的面貌和特点。

北京中轴线沿线建筑构建出的还是一部城市发展的历史。从古至今，一座座建筑的建造、修整与城市发展的脉搏相一致：建筑的工艺体现着不同时期城市工业的发展；建筑背后的营建方法、文化理念体现着主导不同时期城市文化的思想内涵；建筑的形态还与其功能相关，反映着不同时期的城市生活面貌，是城市变迁的一种体现；这部城市发展史的生长性还在于新建筑的修建——如随着 2008 年北京奥运会筹办而修建的"鸟巢""水立方"，与城市发展建设紧密关联，是不断书写的城市历史的映照。

仍记得在起笔前，初次见到欧阳星先生描绘故宫建筑版画作品时的情形，那种历史建筑的当代表达令我震撼，这些作品不同于传统界画，也不同于恢宏的建筑摄影，它们散发出的是一种悠久而宏大的传统建筑与真实的、寻常的生活图景杂糅在一起的表达，具备历史性的同时也有现实感——这些建筑早已和城市的历史、城市的生活交织在一起，它们是严肃的历史对象，也是触手可及的文化资源。这种来自艺术创作的感慨激发了写作的冲动，而朱光千先生的技术内容支持和建筑图绘则是相对理性的部分，建筑师的严谨在他身上体现得淋漓尽致，许多关于建筑细节的表述和描绘都来自他认真的考证。还要由衷感谢编辑王薪茜女士，她对本书投以充沛的热情和责任感，并组织优秀的编辑、设计和宣发团队支持本书的出版和发行。

这项工作陆续进行了三年，其间我们保持着频繁的线上沟通，也时常聚在一起畅谈、争论，探讨文字的取舍和图像的表达。也正因时间跨度较长，书中的许多文字、建筑图绘都曾被反复讨论和修改。如今终于接近完稿，但对北京中轴线的研究还远没有结束，正如这条具有生命力的城市轴线仍在不断生长一样，希望读者能够通过本书认识北京中轴线，感受中国建筑的历史，阅读后再次行走于城市中的时候能对城市历史、城市文化有不同的体悟。

北京中轴线这个词似乎跟北京城天然地融为一体。著名建筑学家梁思成曾说："北京独有的壮美秩序就由这条中轴的建立而产生。"它不仅蕴含着中华民族深厚的文化底蕴与哲学思想，更跨越了从元至今近七百余年的历史，见证了历史的变迁与发展。得益于近年来的"申遗"工作，北京中轴线这个词频繁出现在新闻上、综艺节目中、博物馆的展览里、各类手机 APP 中，这也为我们解读北京中轴线提供了一个很好的时机。

在本书立项之初，我们就在讨论，应该以怎样的一个视角去解读北京中轴线，并将它更好地传达给读者。北京中轴线的设计在元以来各代城市规划之初即有所体现，而呈现规划的重要载体就是北京中轴线上璀璨夺目的各种建筑。建筑，成为我们感受北京中轴线最直观的方式之一。对于北京中轴线上的建筑，像天安门、故宫、钟鼓楼可谓是家喻户晓。而这些建筑的内部是怎样的结构，又有着怎样精彩的艺术特点，则因诸多条件所限，一般较难了解到。因此，我们决定用绘画与建筑图纸结合的表现方式，让大家直观地看到这些建筑的内外，尽可能全面地感受这些北京中轴线上璀璨瑰宝的方方面面。

此外，我们还将天安门广场建筑群、奥林匹克公园建筑群等传统北京中轴线及延长线上的现当代建筑一并纳入书中。读者朋友们在探访传统北京中轴线之余，不妨看看这些同样位于北京中轴线上的新建筑，感受北京中轴线在新时代的发展与活力。

当然，这本书无法与前辈们的专业著作相提并论。由于水平所限，书中也难免存在表述不准、援引疏漏的地方，希望本书能成为一个交流的媒介，吸纳关于北京中轴线建筑的讨论，不断充实我们的研究，正如北京中轴线持续生发的意义和内涵一样富有持久的生命力。

朱光千

绘者序

能参与这本书的插图创作我深感荣幸。于我，这不仅是一项工作，更是多年来的一个愿望的实现。在我就读版画系期间，古老的雕版画所呈现的独特美感深深吸引了我。然而，我发现，所接触到的雕版画多以西方的风景、人物故事和宗教典故等题材为主。那时，我心中萌生了一个想法：若能利用雕版画这一艺术形式来表现中国的建筑、人物以及历史典故，那将是一件极具意义的事情。一方面，雕版画以其线条的疏密排列来构建画面，既严谨又充满了表现力，展现出一种无与伦比的美感，这种美感是其他艺术形式难以企及或代替的。另一方面，版画作为一种广为人知且被广泛接受的艺术语言，具有极高的亲和力和普世性。它能够更有效地向世界讲述中国的故事，让更多人了解中国的文化、建筑和深远的历史。

几年前，一个偶然的机会让我开始实践这一想法，我尝试运用雕版技艺来描绘中国的壮丽河山。在选择题材时，我首先考虑从著名的历史遗迹着手。北京中轴线，它无疑是一个至关重要的主题。它不仅集中展现了中国人的规划智慧和建筑哲学，也体现了中国人一直追求的天人合一的精神，在中国建筑群中占据着极其重要的地位。因此，北京中轴线成了我最初着手创作表现的选题。

在本书创作过程中，在尊重建筑现状的基础上，为了更好地展示其效果，我对建筑及周边环境画面进行了艺术处理，使其以完美的角度呈现在大家眼前，希望今后能与观众产生共鸣甚至更多交流。

如今，得以与姚珊珊和朱光千两位老师合作，共同完成了这本关于北京中轴线的图书，将这些年所画的一些画作作为本书插图，全面表现北京中轴线的各个方面。这种方式比我最初计划创作一系列版画的想法更有意义。希望大家能喜欢这些画稿，同时也期望通过这本书，读者能更深入地了解北京中轴线，领会中国建筑中所蕴含的深刻哲学思想和文化内涵。在此，向电子工业出版社编辑王薪茜和所有给予我鼓励、帮助和信任的老师们表达我的诚挚感谢。还要特别感谢冯跃飞和吴浙辉两位前辈，是他们一路来的支持和鼓励让我这份工作能一直持续到今天。

了解中华文明，才能读懂中国。

世界文明星星点点，灿若星河，而中华文明以其连续性，独树一帜。中国是拥有悠久历史和光辉灿烂文化的文明古国，五千年的文明宛如一条波澜壮阔的长河一路奔涌，浩浩荡荡，生生不息。文明或许是抽象的，它涵盖着方方面面，上至统治的威严礼仪，下至生活的点点滴滴。我们很难用三言两语说清文明到底是什么，但是，当我们置身于宫殿庙宇、置身某处遗址时，当我们驻足于各式各样的博物馆时，文明却又那样具体和实在。

想要了解中华文明，博物馆是最好的课堂，它珍藏着中华民族最珍贵的记忆，以实物默默地为我们讲述中国故事，传播中华文明。

博物馆或许是一个大而广的概念，在"博物馆里看文明"系列图书中，我们想为大家打造一个开放式的、海纳百川的博物馆概念，我们遴选出"最中国"的文化题材，包括中国建筑、中国服饰、中国园林、传世珍宝、中国家具等主题，再现最美中国文化。同时采用插图实景手绘的艺术表现方式，让每一个细节都充满着厚重的历史感与鲜活的生命力，为大家立体展现伟大艺术杰作在上下五千年中所串联起的巍巍中华文明。

巍峨的建筑、精妙的壁画、墨绿的铜锈、隽永的墨迹，还有那些百年、千年乃至万年的串珠首饰，那些绣着蟠龙凤凰的华丽服饰等，都饱藏着中国人对宇宙、对世界、对自然的独特理解。每一件文物的背后，都反映着中国人对生活、审美、秩序和人生价值的深刻感受。我们可以想象，文明星河的赓续，在跨越多少春秋、背负多少沧桑、历经多少努力后，它们才来到今天，我们才看见它们。

今天，我们站在了新的历史起点，有目光所及上下五千年的远见，更有矢志民族复兴伟业的担当。当我们怀揣着深厚的家国情怀与深沉的历史意识，从新时代的新征程去端详中华文明，中华文明不仅有历史坐标，还有未来宏图。历史和文明的延续，必将日日新，又日新。

从《周礼》以中轴线为核心建造城市的构想，到古代帝王围绕轴线规划建造城市的实践，华夏先民探索时间与空间的奥秘，以"中""和"的哲学观念治理国家、经营生活，将之应用到城市空间的营建上。

"古之王者，择天下之中而立国，择国之中而立宫，择宫之中而立庙"，北京中轴线不仅是中国传统哲学的现实体现，还是一条跨越时间和空间的文明轴线。中轴线及其沿线建筑的修建过程，是北京这座城市发展的历史，也是中国古代都城与建筑艺术发展的历史，更是一代又一代居民在这片土地上生产生活的历史。在时间的涤荡中，许多古代城市的原貌在今天已不可多见，而北京中轴线及其沿线建筑却是一座历史展厅，陈列着有温度的华夏历史、有层次的城市秩序、有内涵的生活故事。

从时间上看，元世祖定都北京并确立了当时长约 3.8 公里的中轴线和城市规模，遵循"面朝后市""左祖右社"的理念规划沿线建筑；明代迁都北京，城市规模扩大、中轴线延长，故宫太和殿、天坛祈年殿、正阳门等中轴线上诸多传统建筑遗存均始建于明代；修建北京外城后，中轴线再次延长，最终形成了后来长约 7.8 公里的传统北京中轴线；清代，北京中轴线上的建筑继续丰富；近现代以来，北京城市总体规划仍与中轴线的位置和走向密切相关，先后修建了天安门广场建筑群、传统中轴线北延长线上的运动场馆，以及南延长线上的北京大兴国际机场等建筑。从空间上看，中轴线沿线有中心区域古代帝王的皇家宫苑建筑、祭祀建筑；也有北段古代大运河两岸繁华的商贸街区，以"晨钟暮鼓"引领古代京城生活节奏的钟鼓楼；还有南段守卫古代城市安全的城门建筑遗存，以及艺人云集、戏楼林立的文化聚集地；近现代以来不断有旧建筑随着城市的发展化作文化的地基，也不断有新建筑拔地而起见证时代的变迁。后来北京中轴线沿线建筑的创新营建，继续延长着这条轴线的纵深长度，拓展着北京城的规划建造空间。北京中轴线的位置和规模锚定着北京城的规划和营建方案，与城市治理、居民生活的脉动紧密连接在一起，成为都城悠久历史、丰富文化、幸福生活的空间呈现。

今天中轴线的建筑面貌和文化内涵都已被丰富，它既是体现传统哲学的城市精神图腾，也是体现中华美学精神的建筑缩影，还是彰显大国实力和文化形象的城市名片，更是承载古今建筑和文化历史的博物馆。日出日落中，它注视着鲜活的城市生活；时空流转中，它的历史和文化意涵也被不断丰富，成为一条随城市律动、随历史变化不断生长的文化轴线。

国家体育场
（鸟巢）

国家游泳中心
（水立方/冰立方）

钟楼

鼓楼

万宁桥

广场及建筑群位
中轴线核心位
天安门广场外，
轴线上的人民英
碑、毛主席纪念
及轴线东西两侧
布的中国国家博
人民大会堂。天
场及建筑群建造
见证着国家建设
，也见证着北京
变迁的过程。

天坛公园位于北京中轴线东侧，与先
农坛隔中轴线东西对称。天坛始建于
1420年（明永乐十八年），园内建筑
包括：祈谷坛、圜丘坛、斋宫等。其
中，祈年殿是天坛公园里的标志性建
筑之一，采用上殿下坛的构造形式，
底部是三层圆形石台，每一层外沿围
以白色雕刻石围栏，即"祈谷坛"，
坛上是一座三重檐攒尖顶圆形建筑。

北京大兴国际机场位于北京市南
郊，地处中轴线南延长线上。航
站楼整体呈东西对称的六角形，
南侧是左右对称的类五边形结
构，每个角向外延伸出一条指
廊，加上北侧的独立指廊，航站
楼的"六角"呈平均分布。外部
总体覆盖铜黄色金属板，起伏波
动、线条流畅而富有韵律，与传
统北京中轴线上的建筑相呼应，
成为一古一今、一北一南的遥远
对话。

明清时祭
天的场所

天坛

北京中轴线南延长线
上的机场建筑

北京大兴国际机场

清时内城
正门

正阳门

永定门

传统北京中轴
线的南端点

门广场南
城的正南
市民称为
门"。曾
筑群除城
外，还包
庙宇等。
然只保留
但已属北
完整的城
侧的牌楼

明清时祭祀先农
神、举办亲耕礼
的地方

先农坛

永定门是明清时期北京外城正南
门，也是今天所说传统北京中轴线
的南起点。永定门始建于 1553 年
（明嘉靖三十二年），主要为了军事
防御而修建。城楼是一座重檐歇山
顶三滴水楼阁式建筑，城台是砖石
结构，正中开设有门洞，南侧洞口
上方悬挂"永定门"石匾。

先农坛位于北京中轴线西侧，与天坛隔
中轴线东西对称。先农坛始建于1420年
（明永乐十八年），明清时是皇家祭祀场
所。根据当时不同的建筑功能，先农坛
中包括太岁殿院落、神厨院落、宰牲
亭、先农坛、具服殿、观耕台、神仓院
落、庆成宫院落等建筑。

目录

故宫即明清时期的皇宫——紫禁城，曾经是古代帝王举办国家庆典、处理政务以及生活起居的综合空间。1925年故宫博物院成立，后成为公共文化空间。故宫中建筑布局工整，沿中轴线对称分布，主要建筑分为外朝和内廷两部分。外朝的中心为太和殿、中和殿、保和殿，统称三大殿，是当时举行大典礼的地方。内廷的中心是乾清宫、交泰殿、坤宁宫，统称后三宫，是皇帝和皇后居住的正宫，其后为御花园。后三宫两侧排列着东、西六宫，是后妃们居住休息的地方。

故宫

北京城中心城的格局形成于明代，在元大都的基础上建成。明清北京中轴线是指南起永定门，北至钟鼓楼的一条轴线。其中最中心的是古代皇权的中心"紫禁城"即今天的故宫，北京中轴线在故宫里南起午门，纵穿前朝三大殿、内廷后三宫等建筑，北至神武门。

　　故宫外面的一圈是明清时期的"皇城"，由天安门（南门）、地安门（北门，已拆）、东安门（东门，已毁）、西安门（西门，已毁）及城墙围合而成。皇城内的传统北京中轴线建筑主要有南侧的端门、天安门等城门建筑，轴线两侧的社稷坛、太庙等坛庙建筑，以及景山建筑群等。皇城外的一圈是当时的"内城"，由九座城门（东直门、朝阳门、崇文门、正阳门、宣武门、阜成门、西直门、德胜门、安定门，现大多已拆）围合而成。除正阳门之外，内城轴线上还分布着万宁桥，以及钟楼、鼓楼等报时建筑。内城南侧是当时的"外城"，外城轴线上的建筑主要有南门"永定门"，以及东西对称分布的天坛和先农坛。自此，一条传统北京中轴线的空间分布图已初具印象。由此可以想象在古代"居中"营城的观念下，紫禁城在空间位置上属于都城的核心。今天虽然城市规模已较当时扩大，但"紫禁城"仍处于北京城的中心区域，从午门到神武门，轴线上起伏的建筑诉说着这座古老皇城的历史，也讲述着它们在今天写就的新故事。

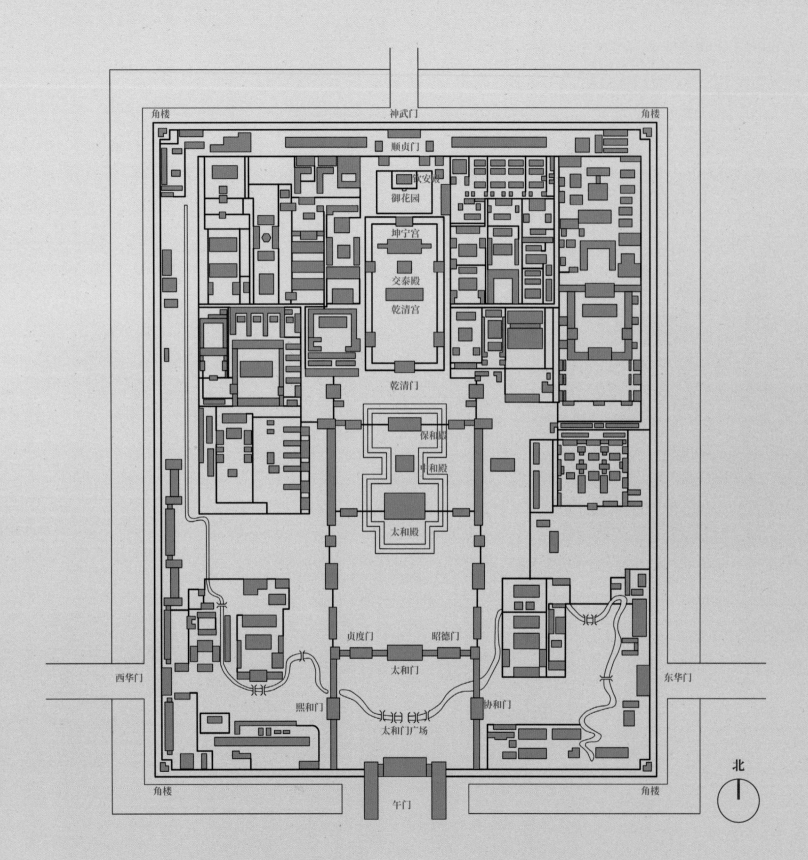

角楼　　　　　　　　　神武门　　　　　　　　　角楼

顺贞门

钦安殿

御花园

坤宁宫

交泰殿

乾清宫

乾清门

保和殿

中和殿

太和殿

贞度门　　　　昭德门

太和门

西华门　　　　　　　　　　　　　　　　　　东华门

熙和门　　　　　　　　协和门

太和门广场

北

角楼　　　　　　　　　　　　　　　角楼

午门

故宫平面图

古代的北京城按照位置区域不同，也有不同的称谓。其中"紫禁城"也就是今天的故宫，即南起午门、北到神武门，东起东华门、西到西华门之间的区域，是明清时期皇帝的居住、办公区。

皇城是紫禁城周围的一片区域，在古代主要是紫禁城的护卫、保障区，南起天安门，北到地安门，东起东安门（今南河沿、北河沿大街和东华门大街交会处），西到西安门（今西什库大街与西安门大街交会处西侧）之间的区域。

内城在清代一般是八旗居住的地方，是南起正阳门，北到德胜门、安定门，东起朝阳门，西至阜成门之间的区域；外城位于内城的南侧，指南起永定门，北到正阳门，东起广渠门，西至广安门之间的区域。

皇城、内城、外城

午门

午门
Meridian Gate

位置：北京故宫博物院内
年代：始建成于1420年（明永乐十八年）
规模：城台高约12米。正中城楼面阔九间，进深五间，
长宽分别为60.05米和25米

在皇城各城门的空间位置上体现着古代"五门三朝"的礼制影响，自南向北分别排列有大清门（后拆除）、天安门、端门、午门、太和门，尽显严谨的礼制和尊贵的地位。其中午门是明清紫禁城的南门，也是正门。穿过午门，则进入古老的"皇宫"之中，也走进了一座古代建筑艺术的博物馆。

自午门城台向东西两侧延伸出宫墙，在宫墙东南、西南角分别有一座角楼。宫墙由角楼转而向北延伸，直至东北、西北两座角楼，再向中心折返，汇集至故宫北门神武门，形成围合的宫墙结构。

五门三朝

"五门三朝"是我国古代的一种宫殿建筑制度。"五门"分别指皋门、库门、雉门、应门、路门，即皇宫最外面的大门、仓库门、宫门、朝门、内宫门；"三朝"分别指外朝、治朝、燕朝。

明清时，午门正中门洞一般仅供皇帝使用，皇后大婚时可以在此入宫，殿试考中状元、榜眼、探花的三人可从此门出宫

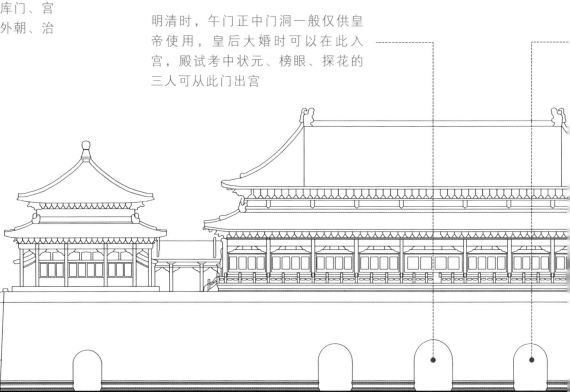

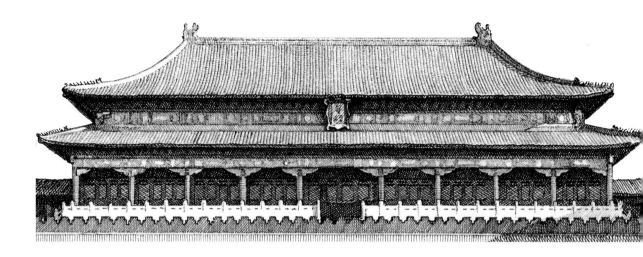

分别供皇族
和大臣进出

　　午门始建成于1420年（明永乐十八年），后多次修整，总体保持原本形制。午门建筑以至高的形制显示宫城的尊贵威严。在明清时它既是具有防御功能的城门，也是供皇族、大臣进出的"朝门"，如皇帝出宫祭祀、巡访、亲征等，以及朝臣进宫，均经过此门。

　　此外午门还是具有象征性的礼仪之门，如每年立春在午门举行"进春礼"，腊月初一在午门举行"颁朔"礼（公布次年的年历）；每逢军队征战凯旋时，在午门举办"献俘礼"等。新世纪初午门建筑接受了现代化改造，城楼建筑改造成了今天的故宫博物院午门展厅，在保护古建筑的前提下建造室内展陈空间，让室内展品和建筑艺术一同得到展示。

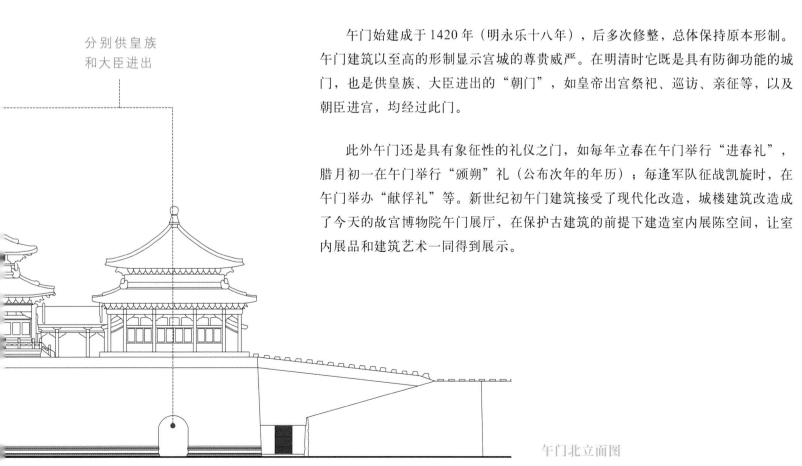

午门北立面图

午门是一座双阙式城门，平面呈"凹"字形，由城台和城楼两层结构组成，总高约 37.95 米。城台高约 12 米，内部是夯土结构，外侧砌多层砖石。正中开三门，门洞外方内圆，从外面看是矩形，内部则是圆拱形。

　　在明清两代，正中间的门洞供皇帝使用，皇后也只有大婚的时候才可以从这里入宫，但当时为显示对"天子门生"的重视，科举考试通过殿试的人可以从正中间的门洞出宫一次。两旁略矮的门洞分别供皇族、大臣们进出。城台北面东西两侧各有一座掖门，与正中的三座城门形成"明三暗五"的结构。城台两侧有马道，现在是观众进入午门展厅的必经通道。

　　正中城楼建筑面阔九间，进深五间，是一座重檐庑殿顶建筑，屋顶铺明黄琉璃瓦，正脊两端有大吻，上下檐四脊有九个脊兽。上檐是单翘三昂九踩斗拱，下檐是单翘重昂七踩斗拱。建筑总规模仅次于故宫太和殿，是故宫体量最大的一座城门，可见地位之尊崇。正中城楼两侧有明廊，城台两翼向南侧延伸的部分建有廊庑（指古代建筑中一种带有屋顶的走廊式建筑），又称"雁翅楼"，廊庑的两端分别建有重檐攒尖顶方亭。远远望去午门建筑左右对称，在严谨的秩序中又有错落的节奏感，尊贵庄严。

雁翅楼

雁翅楼是古代宫阙建筑中的一种形式。城台上除正中的城楼外，还有城楼两侧的两座垛楼、南端的两座阙楼对称分布，两翼延伸的廊庑因造型似雁展翅而被称为"雁翅楼"

廊庑两端分别建有重檐攒尖顶方亭

脊兽

门洞

正脊

大吻

重檐庑殿顶

屋顶铺明黄琉璃瓦

城楼

城台

高约12米，
内部是夯土
结构

角楼

故宫共有四城门，南面的午门，东西两侧的东华门、西华门和北面的神武门，整个宫城呈长方形，周围环绕着城墙和护城河，城墙的四角上，各有一个精巧华美的角楼。角楼和故宫诸多建筑一样建成于1420年（明永乐十八年），整体是一座方亭式建筑，位于城墙之上，造型独特，以层叠多檐的玲珑结构著称。

虽然角楼位于城墙上，属于宫城防御系统的一部分，但其作用更多体现在建筑的装饰性上。一方面是城墙拐角的衔接，另一方面也对外显示着皇宫建筑的精美华贵。

角楼

Corner Towers

位置：北京故宫博物院内
年代：建成于1420年（明永乐十八年）
规模：面阔、进深各三间，自城墙下地面到角楼宝顶通高27.5米

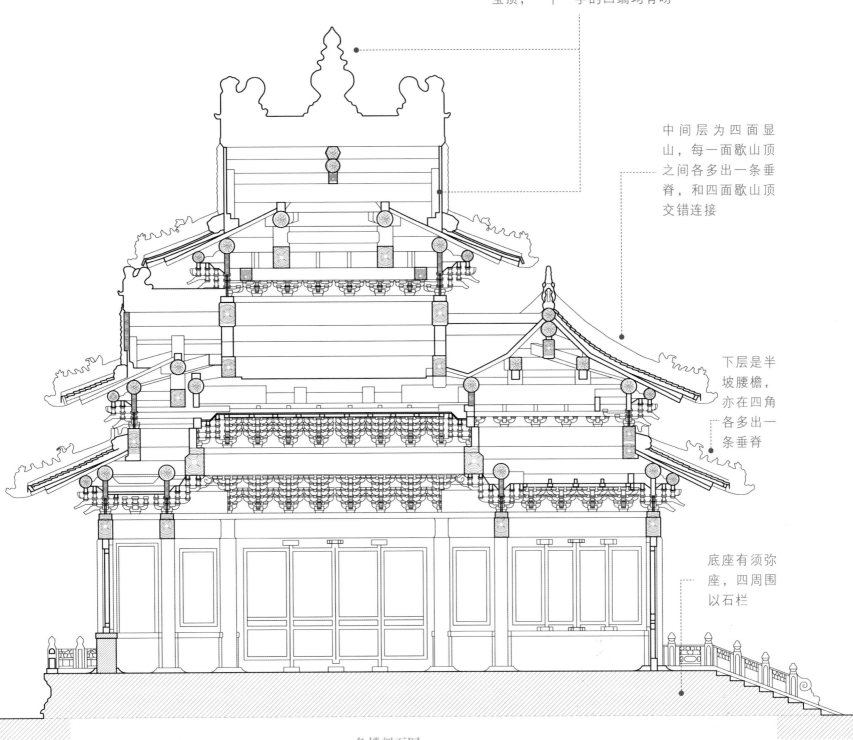

顶层是四面出山的歇山顶，俯瞰顶部正脊呈"十"字形，中心有宝顶，"十"字的四端均有吻

中间层为四面显山，每一面歇山顶之间各多出一条垂脊，和四面歇山顶交错连接

下层是半坡腰檐，亦在四角各多出一条垂脊

底座有须弥座，四周围以石栏

角楼剖面图

　　角楼整体是一座方亭式建筑，位于城墙之上，底部有须弥座，四周围以石栏。最具特色的是层叠复杂的屋顶结构，主要分为三层，顶层是歇山顶，但与故宫里其他歇山顶宫殿不同，角楼屋顶是四面出山的歇山顶，俯瞰顶部正脊呈"十"字形，中心有宝顶，"十"字的四端均有吻，檐下是单翘重昂七踩斗拱。

　　角楼中间一层除了四面显山，在每一面歇山顶中间，即方亭的四角各多出来一条垂脊，和四面歇山顶交错连接，檐下是单翘单昂五踩斗拱。最下面一层是半坡腰檐，也在四角各出一条垂脊，檐下是重昂五踩斗拱。层叠的屋顶覆以明黄琉璃瓦，交错的斗拱和隐约的梁枋彩画、三交六椀菱花门窗，远远望去在蓝天碧水下尽显华丽，与两侧延伸的城墙形成视角广阔的纵深线，配以护城河上浮动的倒影，美轮美奂。

前朝三大殿

故宫 中和殿 欧阳星 绘

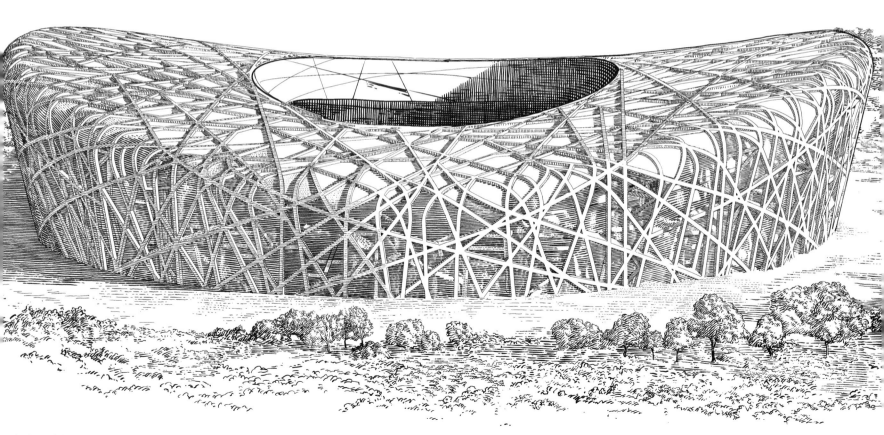

天坛·祈年殿 欧阳星鉴

　　在北京中轴线的中心位置——故宫中，太和殿、中和殿、保和殿并称为"前朝三大殿"，位于外朝南边正中，其中最南侧是太和殿，往北依次是中和殿、保和殿。"前朝"在古代是帝王处理政务的场所，三大殿位于前朝的中心，也是当时紫禁城的核心区域。

　　三座大殿位于一座巨大的院落中，南起太和门，北至保和殿，院落东西两侧建有廊庑、弘义阁、体仁阁等建筑，四角分别设有崇楼。三座大殿为院落中的主体建筑，它们建造在一座平面呈"土"字形的"三台"上，均为坐北朝南布局，其中太和殿体量最大、建筑形制也最高，其次是保和殿，最小的一座是中和殿。

太和门

太和门

Gate of Supreme Harmony

位置：北京故宫博物院内
年代： 建成于1420年（明永乐十八年）
规模：太和门面阔九间，进深四间，建
筑面积约1300平方米

太和门建成于1420年（明永乐十八年），当时名叫"奉天门"，1562年（明嘉靖四十一年）改称"皇极门"。清代多次或损或毁于火灾，后又重建，并多次修缮。1645年（清顺治二年）改称"太和门"。

太和门是故宫外朝的正门。北临太和殿，南近午门。穿过午门进入故宫后，就可以看到太和门前开阔的广场，首先进入视线的是东西向的内金水河，通过河上的金水桥向北走，就到了壮观华丽的太和门。

太和门东西两侧分别是较矮一些的昭德门、贞度门。广场东西两侧廊庑中间也开设门房通道，沿东侧台基而上，可到达协和门，由此通往文华阁和东华门；西侧是熙和门，通往武英殿和西华门。

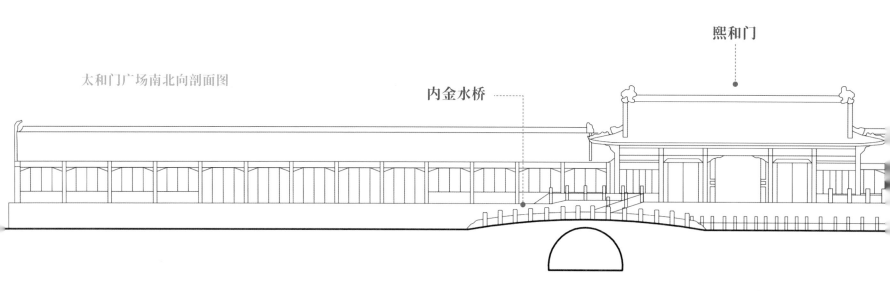

熙和门

内金水桥

太和门广场南北向剖面图

太和门是一座重檐歇山顶建筑，屋顶上覆明黄琉璃瓦，上下层檐四脊分别有七个脊兽，屋顶正脊两端各有大吻，梁枋装饰彩绘。建筑坐落于须弥座上，四周围以雕刻精美的汉白玉石栏。建筑体量庞大，面阔九间，进深四间，前后正中各三出台阶，建筑南侧左右各一出东西向台阶。门前丹陛下摆放一对铜狮、四只铜鼎，以及石匮、石亭等。

太和门

太和门为故宫外朝正门，明代是"御门听政"的地方，清顺治帝入关后曾在此举办登基大典

太和门广场

太和门前有一个宽阔的广场，广场东西两侧廊庑中间也开设门房通道，东侧的协和门通往文华阁和东华门；西侧的熙和门通往武英殿和西华门

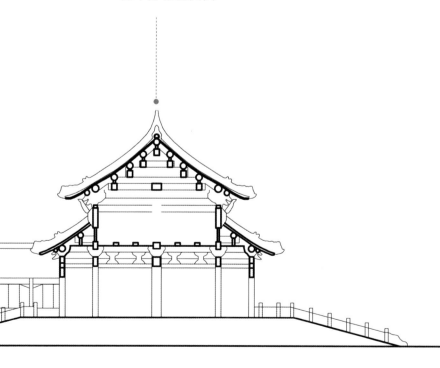

雄狮右足踏球

太和门广场

横宽：200米
纵深：130米
面积：约2.6万平方米

贞度门

太和门广场

　　太和门前有一个面积约 2.6 万平方米的广场，内金水河自西向东流过，河上设置了五座石桥，被称为内金水桥。广场两侧设置了排列整齐的廊庑，称为东、西朝房，朝房中间开设协和门、熙和门。

　　太和门前放置着故宫中体量最大的一对铜狮。作为万兽之王，又是佛教神兽，这对威武的狮子镇守着古代紫禁城的第一广场，开启最重要的大朝空间。

雌狮左足抚幼狮

太和门

昭德门

正脊

左右各一出
东西向台阶

前后正中各
三出台阶

围脊

垂脊

重檐歇山顶

屋顶上覆明黄琉璃瓦

上下层各四条戗脊，分别有七个脊兽

太和门建筑坐落于须弥座上，四周围以雕刻精美的汉白玉石栏

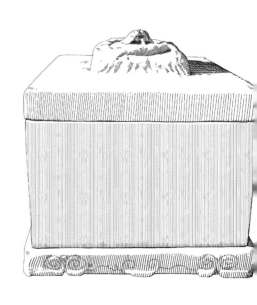

石匮

古代帝王祭祀用品，故宫太和门前的汉白玉石匮高近1.3米，有宝盝顶为盖（盝顶是中国古代建筑中的一种屋顶样式，顶部由四条正脊围成平面矩形，形成平顶，平顶下是由四条垂脊构成的庑殿顶样式，用在器物上则指顶部呈方形的样式）。太和门前的石匮宝盝顶上有盘龙纽，整体形状类似于一个石匣。

石亭

太和门前装饰的汉白玉石亭体量庞大，高约3.5米，底部有台基，南侧有两级台阶似可供人拾级而上。石台上是一段束腰式须弥座，有雕刻装饰。顶部是仿木建筑的石雕——一座庑殿顶方亭，南北侧开门，东西侧门仅为装饰。

铜狮

太和门前的铜狮是故宫最大的一对，它们
在古代是皇权至高无上的象征，负责镇守
皇宫，辟邪驱恶。其造型精美，与太和门
的高大、华丽、雄伟协调映衬，给大朝门
增加了壮丽严肃的气氛。

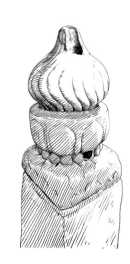

石别拉

"石别拉"是满语，意为喇叭或勺子，是一种报警装置。传说金水桥、万宁桥上的望柱柱头独有玄机，里面是中空结构，并且放置有一个石球，巡逻官兵发现有险情时，就会把喇叭插进柱头小孔里，此时吹响喇叭，警报声就会传遍紫禁城。这种报警系统即为"石别拉"。

内金水桥

在北京中轴线上有两处金水桥，一处位于天安门南侧，称"外金水桥"，一处位于故宫内太和门前广场上，称为"内金水桥"。

金水河自西向东蜿蜒穿过太和门广场，俯瞰河水走向呈弓形，造型东西对称。河道两侧围以白石栏，搭配带有雕刻装饰的栏板和望柱。五座横跨河两岸的单孔石拱桥即为内金水桥，在古代只有皇帝能从正中间的桥通过，左右两侧供皇室贵族和文武官员通行。

内金水桥是从午门到太和门的主要通道，有着重要的实用性和观赏性功能。远远望去蓝天碧水、红墙金瓦，加上石栏装饰勾勒的蜿蜒曲线、五座石桥有秩序但不呆板的排列，构成了一幅恢宏壮丽又不失灵气的立体画卷。

单孔石拱桥

中间体量最大者，长约
23米，宽约6米

望柱

午门

河道两侧围
以白石栏，
搭配雕刻精
美的栏板

河水走向呈
弓形，造型
东西对称

太和殿

太和殿

Hall of Supreme Harmony

位置：北京故宫博物院内
年代：建成于1420年（明永乐十八年）
规模：面阔十一间，进深五间，建筑面积2377平
方米，建筑高度26.92米

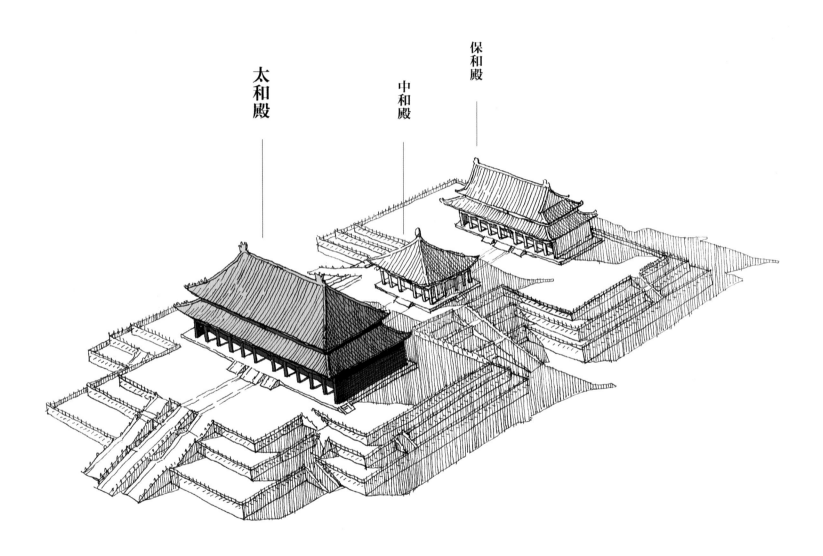

太和殿

中和殿

保和殿

鸱吻

重檐庑殿顶在当时代表着建筑的顶级规格，象征建筑的至高地位

檐下施斗拱，梁枋上绘制和玺彩画

屋顶安装黄色琉璃构件和琉璃瓦，又称金瓦

檐角安放十个脊兽

中央的蟠龙御路，仅供皇帝行走

屋顶由稳固的梁架和柱架承载，再支撑七十二根承重柱

我国许多古代建筑遵循"取正向心"的布局艺术，"正"是指建筑的"南北"方向；而南方又象征着至高地位，古时历朝都城、皇宫、衙署等大多为南向。故宫前朝三大殿位于外朝南边正中，太和殿位于三大殿的最南边，建筑坐北朝南，可见这座宫殿的建造不仅是从实用角度"避风、采光"的考量，其位南、面南的方位朝向更是尊贵地位的象征。

太和殿是一座重檐庑殿顶建筑，在当时属建筑的最高规格，戗脊边缘的翼向上翘起，为厚重的屋顶增添了飘逸感，使建筑整体在威严庄重的同时仍保持向上的动势。屋顶的各条脊和各个面都覆有琉璃构件和琉璃瓦，又称"金瓦"。屋顶下可见排列有序的斗拱，增加了建筑的秩序感，并在视觉上营造出由内向外不断攀升的气势。主体建筑之下是三层须弥座，又称"三台"。远远望去，开阔广场之中厢房廊庑簇拥，三台托举着庞大的宫殿建筑，在天际线上勾画出高低有序的建筑节奏，加上蓝天白云、红墙金瓦的色彩搭配，形成了一幅古代宫廷建筑独有的恢宏画卷。

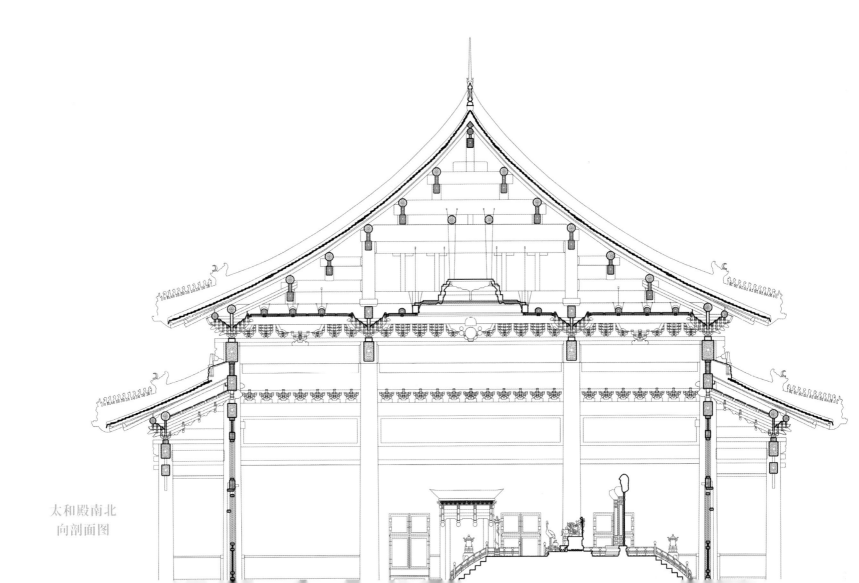

太和殿南北向剖面图

太和殿体现了明清的建筑艺术成就，也一定程度上反映出了当时的营造技艺水平。明代修建北京故宫时，"凡天下绝技皆征"，也正因如此，南北建筑工艺在此融合，形成了今天所说的"北方官式建筑"样式，一系列建筑工艺也被记录下来成为宝贵的遗产。恢宏的重檐庑殿顶、灵活且牢固的斗拱、威严的三层汉白玉台基等，在历史中体现着天下惟中的治国理想、大国高超的工艺水平，在今天则诠释着璀璨的建筑和文化历史，彰显着深厚的家国文化底蕴。

太和殿俗称"金銮殿"，始建成于 1420 年（明永乐十八年），时称"奉天殿"，1562 年（明嘉靖四十一年）改称"皇极殿"，现在所说的"太和殿"是沿用自 1645 年（清顺治二年）的名称。"太和"指天地万物都能顺应天道变化和规律，四时之气、自然规律均正常运行，乃万物普利、天下和谐。

太和殿在明清两代是举行皇帝登基、皇帝大婚、册立皇后、命将出征、皇帝万寿等大朝礼或大庆典的地方。大殿两侧的廊庑是皇家仓库，用来存储绸缎、瓷器等，东侧的体仁阁在清康熙年间曾作为博学鸿词科考试之地，乾隆年间重建后作为内务府的缎库；西侧的弘义阁是存放金银珠宝的内务府银库。

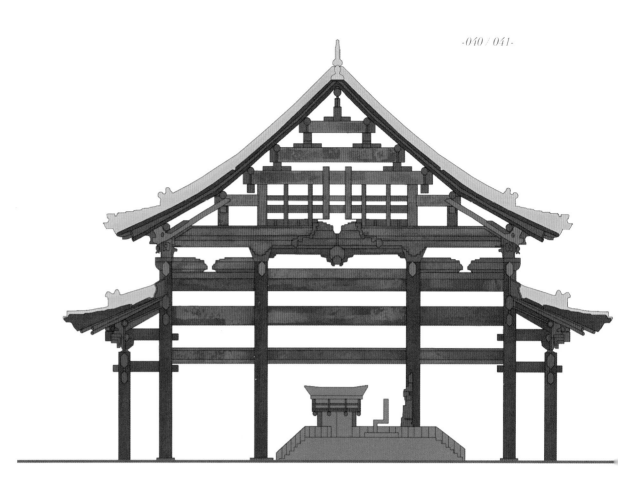

太和殿剖面简图

　　太和殿建筑规模宏大，是我国现存宫殿建筑中规模最大、等级最高的建筑之一。主体建筑高 26.92 米（台基面到正脊），面阔十一间，进深五间，面积约 2377 平方米，是一座单层砖木结构大殿。

　　太和殿和周围建筑整体遵循中国传统"一正两厢"的院落布局手法。大殿东厢是体仁阁、三十二间东廊庑和左翼门；西厢是弘义阁、三十二间西廊庑和右翼门；东、西山墙筑有界墙，殿前（南侧）广场由此围合而成，面积近三万平方米。中间用青石铺成御路，连同台基前后台阶中央的蟠龙御路，当时是仅供皇帝行走的专用路。

古建筑屋顶样式

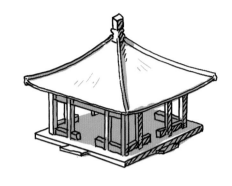

攒尖顶

重檐攒尖顶

歇山顶

卷棚歇山顶

重檐歇山顶

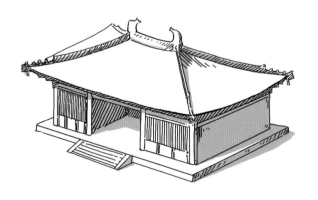

庑殿顶

重檐庑殿顶

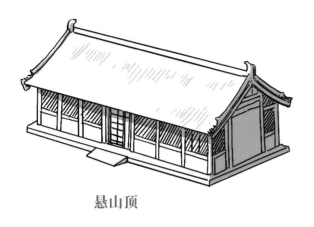

悬山顶

硬山顶

歇山顶

在古代，歇山顶在建筑等级上仅次于庑殿顶。在造型上由悬山顶或硬山顶与庑殿顶组合而成，上部分悬山顶两侧三角形山花空间常带有装饰。歇山顶共九条屋脊，顶部横平的是正脊；由正脊两端向下、向外延伸的是四条垂脊；山花底部出檐与前后两坡相交处是四条戗脊。因九条屋脊的组合构造，歇山顶又称为"九脊顶"。歇山顶有不同造型，有两层屋顶的重檐歇山顶，如天安门城楼建筑；也有两层屋顶交叉搭建的四面歇山顶，如北京故宫角楼等。

悬山顶及硬山顶

悬山顶和硬山顶均是由前后两坡构成的屋顶样式，包括一条正脊、四条垂脊。悬山顶的屋顶两端挑出山墙之外，保护山墙不受雨水侵蚀，檩桁等重力结构外露。而硬山顶造型相对简约，屋顶两端与山墙齐平，山墙裸露在外。

庑殿顶

庑殿顶常见于宫廷、庙宇建筑之中，是中国古代建筑中最高等级的屋顶形制。这种屋顶主要由前后两面梯形斜坡和左右两面三角形斜坡组成，由于其四斜坡聚合形成的特点，又称为"四阿顶"；又因有五条屋脊，故这类建筑也称为"五脊殿"。其中最上方是横平的正脊，沿正脊两端向外垂伸的是四条垂脊。庑殿顶又分为单檐和重檐两种，重檐庑殿顶就是在单檐庑殿顶下面增加四条垂脊。北京故宫的太和殿、乾清宫、坤宁宫，太庙大戟门，景山寿皇殿等建筑都可见庑殿顶的造型。

攒尖顶

攒尖顶在古代常用于亭、塔等建筑。这种屋顶没有正脊，整体呈锥形，分为有垂脊的角式攒尖顶和没有垂脊的圆形攒尖顶。角式攒尖顶的垂脊数量常为双数，如四角攒尖顶即是四条垂脊汇聚于一点。圆形攒尖顶的屋顶呈圆锥形。攒尖顶又称为"撮尖顶"或"斗尖顶"，顶尖处常有宝顶装饰。北京故宫的中和殿、交泰殿为四角攒尖顶，天坛祈年殿是圆形攒尖顶。

须弥座

古代建筑中的台基分为两类:普通台基和须弥座台基。

普通台基一般用于普通民居中,须弥座台基一般用于殿堂建筑等。故宫里有不少宫殿的基座都采用须弥座的形式,太和殿的须弥座有三层,也称为"三台",高约8.13米。

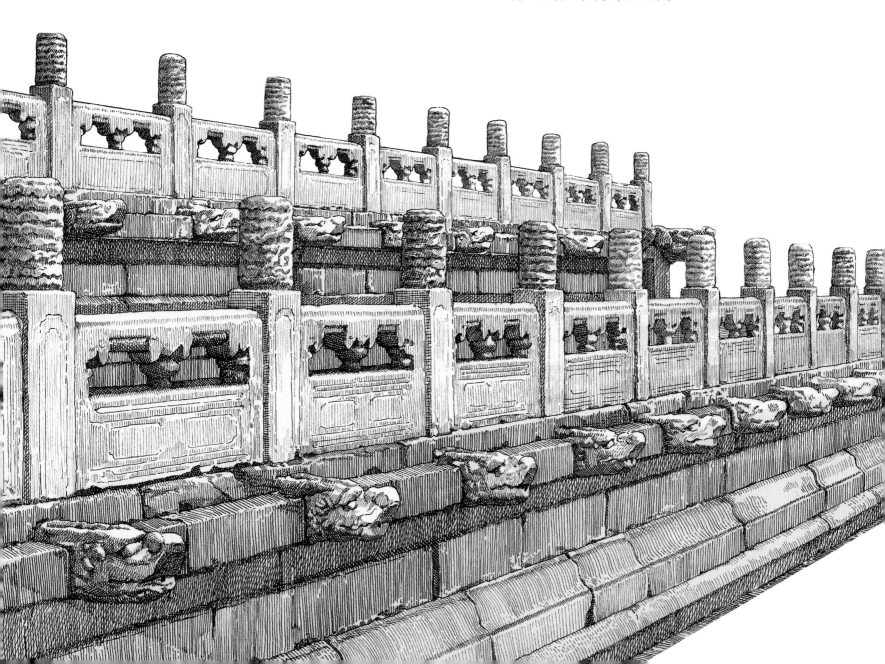

望柱

望柱是建筑围栏中的构造之一，指栏板之间的立柱。除作为围栏构件的实用功能之外，望柱还是一种独特的建筑装饰，因柱头上不同的雕刻造型而分为多种类型，如太和殿前望柱头上雕刻有云龙和凤纹，天坛圜丘望柱上雕刻的是云龙纹，故宫金水桥上使用的是二十四节气望柱，北京卢沟桥的望柱上雕刻的是精美的石狮。

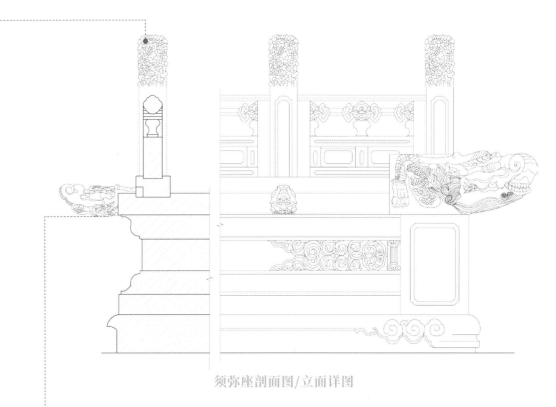

须弥座剖面图/立面详图

水石雕龙头

前朝三大殿的台基周围有一圈石雕龙头构件，又称"螭首"，位于望柱下方，它不仅是巍峨"三台"上的精美装饰，更是一种防水装置。围栏内侧底部有排水用的小口，内部有孔洞，连通着台面和千余个石雕龙头的口部，每逢大雨天，台基上的存水就会通过这一装置排出，那时就可见"千龙吐水"的奇观。

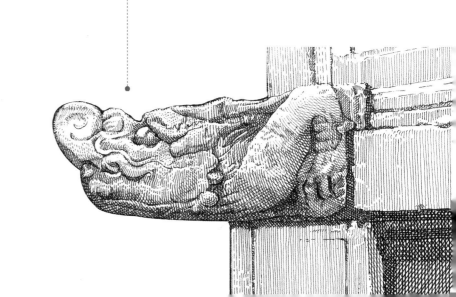

铜龟

太和殿前的铜龟有龙头、龟身，姿态威武，又称
"霸下"。在上古传说中，"霸下"能背起三山
五岳兴风作浪，后被夏禹收服，治水成功后，夏
禹就让它背起自己的功绩，因而许多石碑都是由
霸下背起的，加之其长寿吉祥的特点，在太和殿
前摆放铜龟表达着对于江山永固的期待。

在功能上，太和殿前的铜龟腹部中空，背部有活
盖，可用于燃香。燃香时会有袅袅青烟从铜龟嘴
中缓缓吐出，烘托神秘、威严的氛围。

铜鹤

太和殿前的铜鹤昂首挺立，嘴部微张，线条流畅、雕工精美，在使用功能上与铜龟相似，背部有开口，腹部中空，可放置香料，焚香时则会有烟气从铜鹤口中吐出。

鹤在我国古代是象征长寿吉祥的动物，太和殿前月台上摆放铜龟、铜鹤各一对，特有的布局及摆放位置在当时意为对江山永固的期望，在今天则成为分析当时雕塑艺术美学特色和技术手段的研究对象。

日晷和嘉量

日晷是古代的一种计时装置，"晷"在古代是指太阳的影子，这也表明了日晷的计时原理，即通过观察日影来判断时间。位于太和殿前的石制日晷主要由底座、晷盘、晷针构成，其中底座为方形，并由四根石柱支撑；饼状晷盘斜置，金属晷针位于晷盘正中，与晷盘垂直，通过观察晷针在晷盘上投射太阳影子的长短、方位就可以判断时间。

嘉量是我国古代的一种量器，分为斛、斗、升、合、龠五个单位。太和殿前的方形嘉量是仿照东汉时期圆形嘉量制造的，放置在单檐歇山顶汉白玉石亭里，石亭下方又有雕刻精美的汉白玉须弥座。

太和殿前的日晷和嘉量是清代乾隆年间放置的，在造型上日晷为圆形、嘉量为方形，意为"天圆地方"，相对于使用功能，其象征意味更浓。

屋顶上的小神兽

中国传统建筑的檐角屋脊上会设置一些小兽作为装饰，往往会根据不同的建筑类型设置数量不等的小兽，这些小兽一般叫作屋脊走兽、檐角走兽、仙人走兽或垂脊吻等。

兽吻

太和殿正脊两侧有大吻，高3.4米，重约4300公斤，由十三块琉璃瓦件拼合而成，是我国现存古建筑中最大的一对兽吻。大吻位于屋脊交会点，能够起到封固三坡屋顶、防雨防漏的作用；兽吻表面有龙纹，龙口吞住大殿正脊端头，威严壮观。古代皇帝十分重视这对大吻，将之视为神物，认为它能镇火避灾，烧制完成安装之时还要举行隆重的仪式。

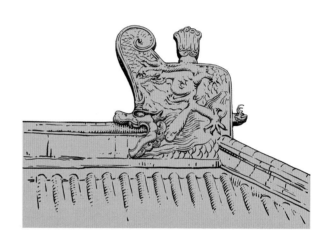

脊兽

脊兽是中国古代建筑上的屋顶构件之一，包括正脊上的吻兽、屋脊前端的骑凤仙人等，大多数时候指垂脊、戗脊下端的小兽，又称"走兽"。其数量根据建筑大小和等级高低而各有不同，九个脊兽在当时已象征着建筑等级颇高，而太和殿垂脊下端有十个脊兽，属现存古建筑中的特例。

功能上，脊兽主要起装饰作用，因当时屋檐交会线常以铁钉固定，为防止倾斜处的瓦片下滑，在铁钉上装饰小兽，后来随着建筑营造技术的发展进步，脊兽的实用功能降低，逐渐成为建筑品级的标志。

太和殿脊兽

龙，能携水镇火，也是帝王的象征。

凤，百鸟之王，象征圣德祥瑞。

狮子，能震慑群兽，有护卫之意。

天马，有翅能飞，尊贵有傲骨。

海马，可飞天入海，象征忠勇吉祥。

狻猊，龙九子之一，喜静喜火，能驱邪避凶。

押鱼，海中异兽，象征防灾灭火。

獬豸，能辨邪正，象征公正勇猛。

斗牛，牛头龙身，能镇水护宅。

行什，猴脸人身，带翅持杵，能防雷避灾。

骑凤仙人　龙　凤　狮子　天马　海马　狻猊　押鱼　獬豸　斗牛　行什　垂兽

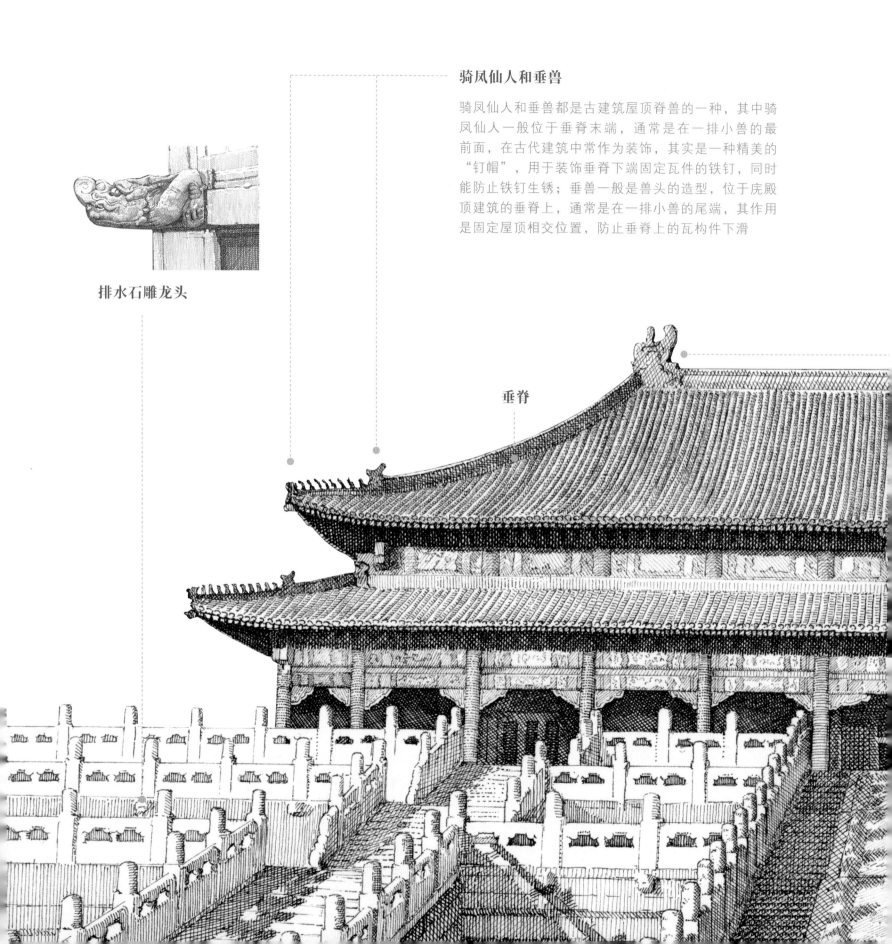

排水石雕龙头

骑凤仙人和垂兽

骑凤仙人和垂兽都是古建筑屋顶脊兽的一种，其中骑凤仙人一般位于垂脊末端，通常是在一排小兽的最前面，在古代建筑中常作为装饰，其实是一种精美的"钉帽"，用于装饰垂脊下端固定瓦件的铁钉，同时能防止铁钉生锈；垂兽一般是兽头的造型，位于庑殿顶建筑的垂脊上，通常是在一排小兽的尾端，其作用是固定屋顶相交位置，防止垂脊上的瓦构件下滑

垂脊

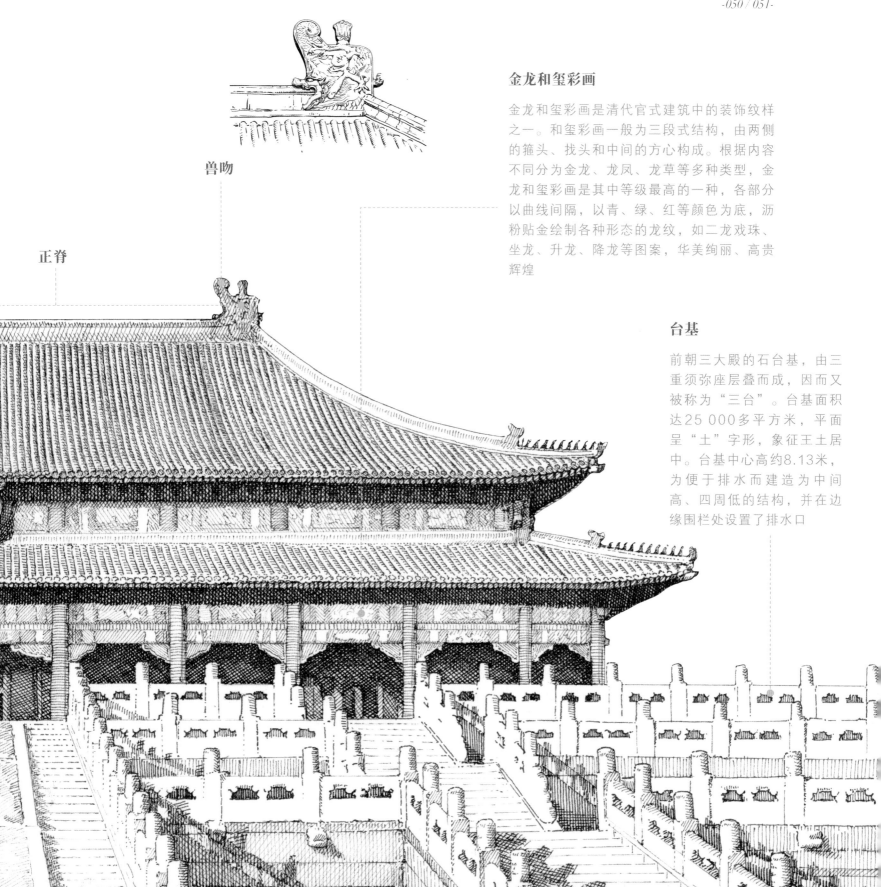

金龙和玺彩画

金龙和玺彩画是清代官式建筑中的装饰纹样之一。和玺彩画一般为三段式结构，由两侧的箍头、找头和中间的方心构成。根据内容不同分为金龙、龙凤、龙草等多种类型，金龙和玺彩画是其中等级最高的一种，各部分以曲线间隔，以青、绿、红等颜色为底，沥粉贴金绘制各种形态的龙纹，如二龙戏珠、坐龙、升龙、降龙等图案，华美绚丽、高贵辉煌

兽吻

正脊

台基

前朝三大殿的石台基，由三重须弥座层叠而成，因而又被称为"三台"。台基面积达25 000多平方米，平面呈"土"字形，象征王土居中。台基中心高约8.13米，为便于排水而建造为中间高、四周低的结构，并在边缘围栏处设置了排水口

中和殿

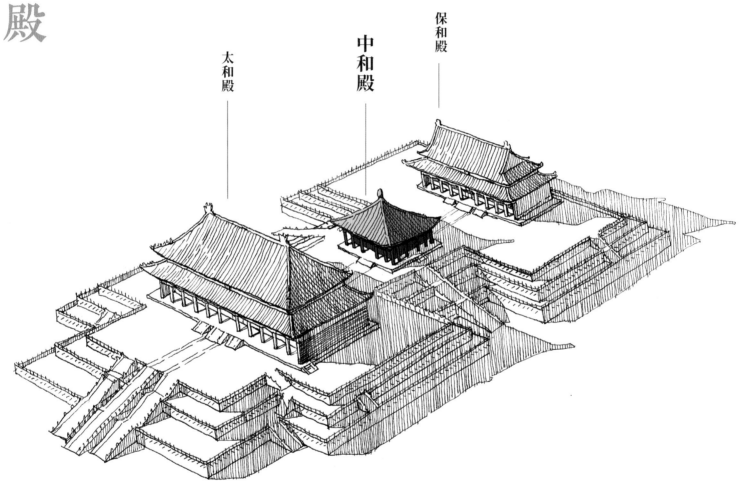

太和殿

中和殿

保和殿

中和殿

Hall of Central Harmony

位置：北京故宫博物院内
年代：始建于1420年（明永乐十八年）
规模：中和殿高19米、平面呈正方形，面阔、
进深各三间，建筑面积580平方米

　　中和殿位于前朝"三大殿"中间，也是三座宫殿中体量最小的一座，南侧是太和殿，北侧是保和殿。始建于 1420 年（明永乐十八年），称"华盖殿"。明清两代曾遭遇多次火灾，焚毁后又重建，1562 年（明嘉靖四十一年）更名为"中极殿"，1645 年（清顺治二年）更名为"中和殿"并沿用至今。"中和"二字取自《礼记·中庸》："中也者，天下之大本也。和也者，天下之达道也。"

中和殿体量较小，与太和殿、保和殿共同建在一座巨型须弥座上。平面呈正方形，面阔、进深各三间，建筑面积 580 平方米，建筑高 19 米，四面出廊，外围柱二十根。屋顶为单檐四角攒尖顶，上覆明黄琉璃瓦，四条屋脊汇聚于顶部，上设铜胎鎏金宝顶。圆形宝顶与方形建筑体相互映衬，象征天圆地方的传统哲思。

中和殿四面开门，正面（南面）三交六椀隔扇门十二扇，东、西、北三面各四扇隔扇门。殿东西两侧门前各一出台阶，正对着三台东西两侧的台阶；南北两侧各三出台阶，其中正中的一出有浅浮雕云龙纹装饰。

殿内金砖墁地，天花装饰沥粉贴金正面龙。清代乾隆皇帝御题匾额"允执厥中"（出自《尚书·大禹谟》"人心惟危，道心惟微，惟精惟一，允执厥中"，意为精诚公正，守持中正之道）挂于殿正中。匾额两侧立柱悬挂对联"时乘六龙以御天所其无逸，用敷五福而锡极彰厥有常"。匾额下方立屏风，屏风前摆放宝座，座位两旁摆放甪端、"太平有象"各一对。

在明清两代，中和殿有重要的使用功能，但相对太和殿、保和殿来说具有一定"临时"性，如在太和殿举办庆典，或在天坛、先农坛等举办祭祀等活动前，皇帝都在中和殿接受典仪承办官员的朝拜、奏报，或亲耕礼前在此检查农具；清代也曾在此殿进行皇太后上徽号、纂修玉牒、殿试御批试卷等事宜。

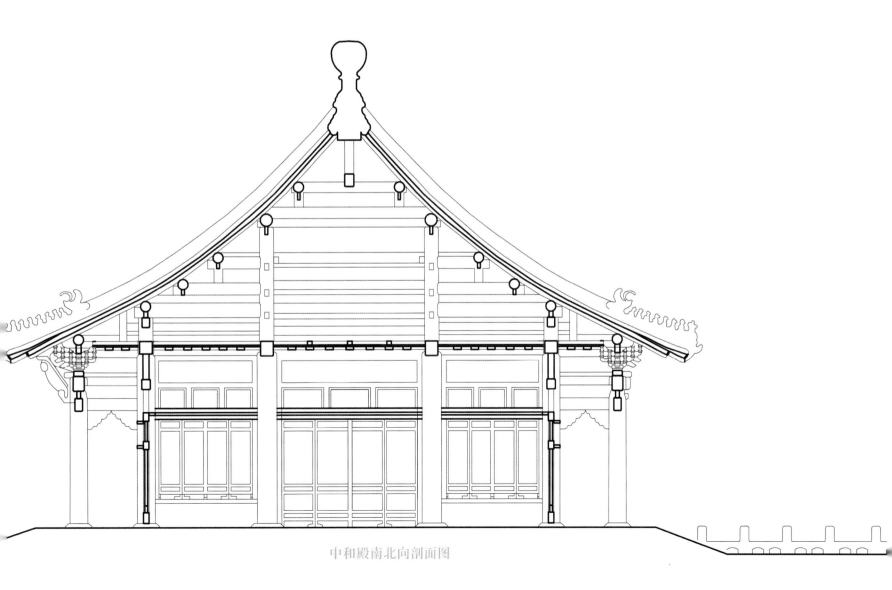

中和殿南北向剖面图

故宫攒尖顶建筑通常都设有宝顶，一来作为建筑的装饰，二来可保护屋架雷公柱，起到避雷防雨的作用——由于建筑属木架结构，易受雨水冲蚀，因此巨大的、特殊材质的顶珠能起到保护攒尖顶上雷公柱的功能。故宫建筑宝顶中，因建筑形制和等级不同，顶珠材质有琉璃和铜鎏金两种，体量大小、细节装饰等也有所不同。

中和殿宝顶

故宫带有宝顶的建筑中，中和殿宝顶是其中体量最大的一个，装饰也颇为精美。这座宝顶通高超过3米，由基座和顶珠构成，与建筑相连的琉璃基座高76厘米，装饰有莲瓣、宝相花等纹样；上方与宝珠相连的铜鎏金基座，高113厘米，装饰有云龙纹、莲瓣、宝珠等。基座上方是铜鎏金大宝珠，高122厘米，最大直径约140厘米。

远远看去，在三大殿中间，中和殿正中心的宝珠是一个视觉中心点，在日光照射下明亮闪烁，吸引眼球，尽显独特地位。

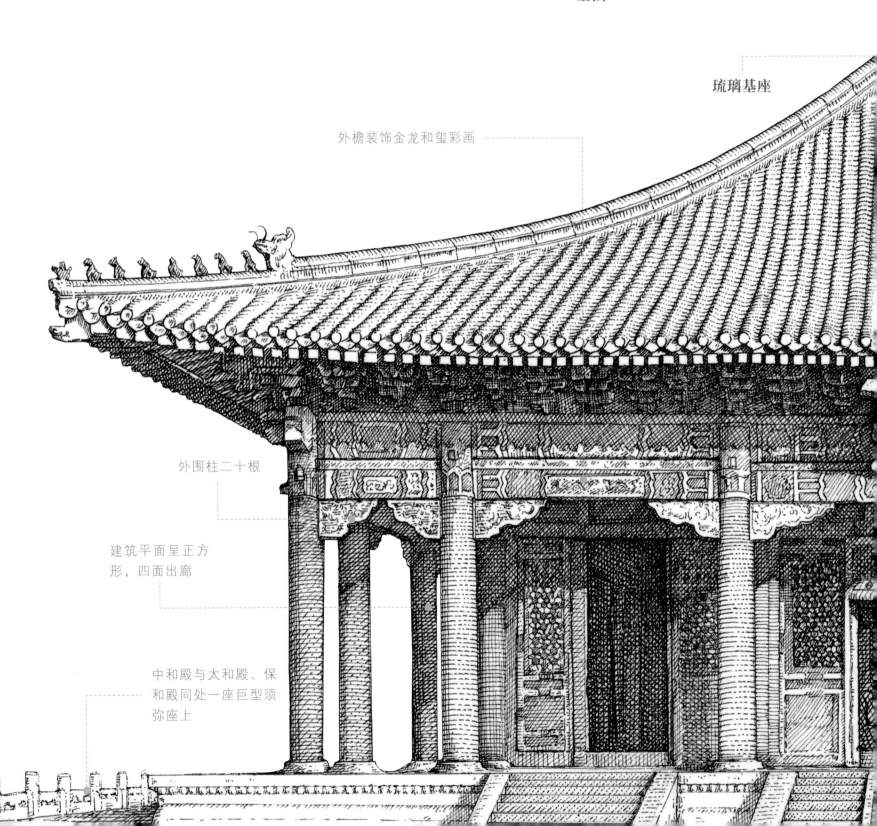

宝顶

琉璃基座

外檐装饰金龙和玺彩画

外围柱二十根

建筑平面呈正方
形，四面出廊

中和殿与太和殿、保
和殿同处一座巨型须
弥座上

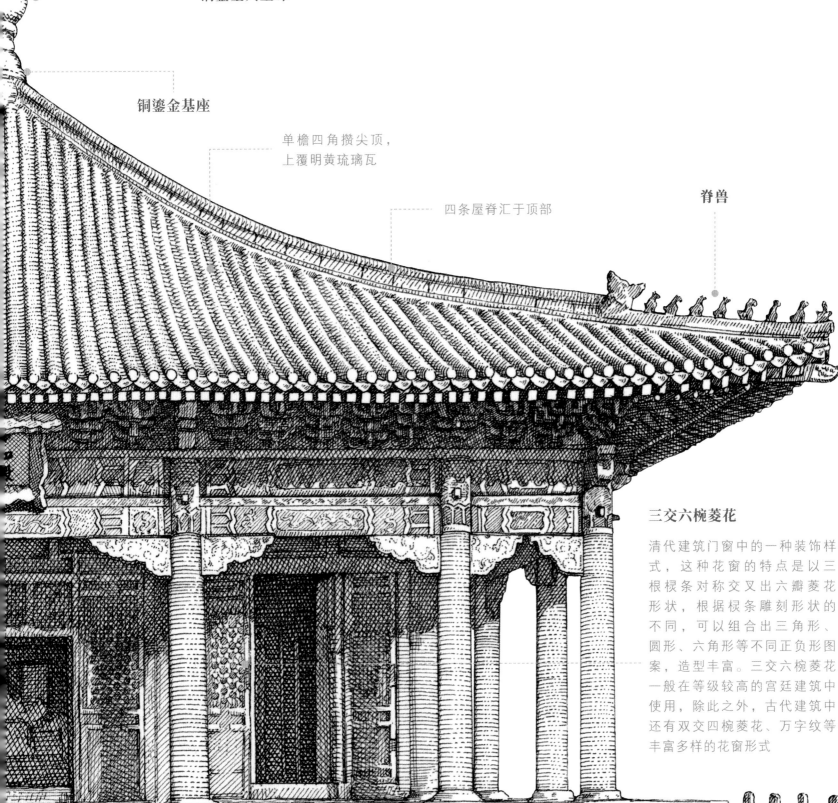

铜鎏金大宝珠

铜鎏金基座

单檐四角攒尖顶，
上覆明黄琉璃瓦

四条屋脊汇于顶部

脊兽

三交六椀菱花

清代建筑门窗中的一种装饰样式，这种花窗的特点是以三根棂条对称交叉出六瓣菱花形状，根据棂条雕刻形状的不同，可以组合出三角形、圆形、六角形等不同正负形图案，造型丰富。三交六椀菱花一般在等级较高的宫廷建筑中使用，除此之外，古代建筑中还有双交四椀菱花、万字纹等丰富多样的花窗形式

保和殿

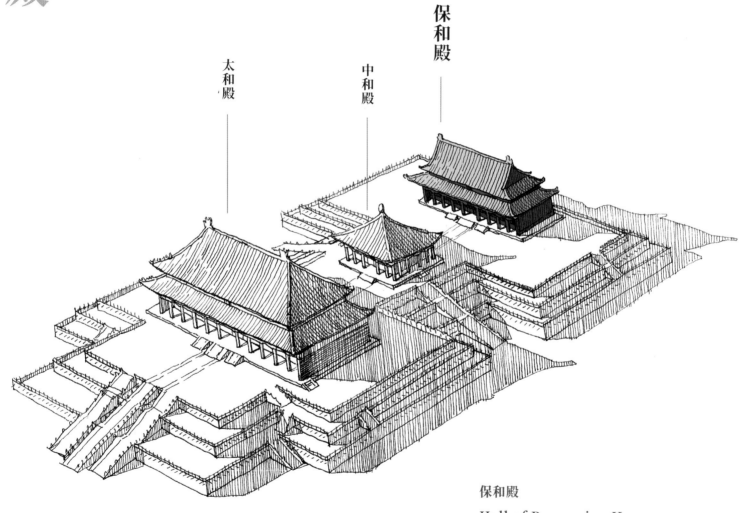

太和殿

中和殿

保和殿

保和殿
Hall of Preserving Harmony

位置：北京故宫博物院内
年代：建成于1420年（明永乐十八年）
规模：保和殿面阔九间，进深五间，建筑面
积1240平方米

　　保和殿位于故宫前朝三大殿的最北侧，与太和殿、中和殿同坐落于三重台基之上，巍峨庄严。其南侧是中和殿，北侧是乾清门。

　　保和殿建成于 1420 年（明永乐十八年），当时名为"谨身殿"，意为时刻提醒帝王自身修养的重要性。后多次烧毁又重建，其中 1562 年（明嘉靖四十一年）重建后改名为"建极殿"。《尚书·周书·洪范》中有言"皇建其有极"，"建极"意为治国的中正之道。1645 年（清顺治二年）修建后改名为"保和殿"。殿内梁架多处可见明代"建极殿"标记，研究者认为保和殿保留了明代官式建筑的特征。

保和殿在明代是皇帝的临时"更衣室"，为参加盛大典仪做准备；也是册封皇后、太子接受恭贺的场所。到了清代则是年节赐宴，以及填写宗室黄册的地方，也曾在此举办过殿试。清顺治帝、康熙帝曾居住于此，因此当时保和殿改称为"位育宫""清宁宫"。

　　保和殿为重檐歇山顶宫殿建筑，高约 29.5 米，宽约 46.6 米，进深约 21.7 米。屋顶上下檐均有九个脊兽，上覆明黄琉璃瓦。上檐有单翘重昂七踩斗拱，下檐为重昂五踩斗拱，斗拱下内外檐装饰金龙和玺彩画。

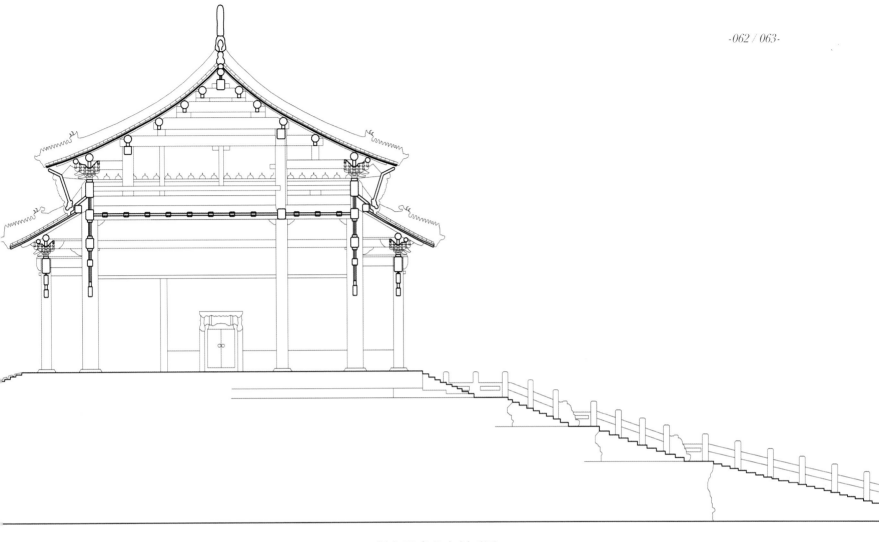

保和殿南北向剖面图

无论是屋顶制式、建筑高度等，保和殿都比太和殿略低一级，这种区别也体现在大殿金柱的分布上。从外观上看，保和殿面阔九间，进深五间，殿内柱布局则为面阔九间，进深四间，是因为采用了"减柱造"的营造方法，减去了殿内六根金柱。关于这种构造，一说是明代重建时，为了与太和殿（当时称"皇极殿"）相区分——太和殿是面阔九间、进深五间的金柱布局，体现至上尊崇，保和殿的金柱分布则等级略低；另一说认为这种建造方法是为了减少殿内的空间遮挡，让空间更加宽敞、明亮。

保和殿内金砖铺地，天化装饰沥粉贴金正面龙图案。殿内金红漆平台上，坐北朝南摆放雕镂金漆宝座、屏风等陈设。宝座上方挂清代乾隆御笔"皇建有极"匾额。殿东侧和西侧有暖阁，分别用两扇板门分隔，门上装饰木质浮雕如意云龙毗庐帽。

崇楼

崇楼是一种装饰性建筑。太和殿、中和殿、保和殿所处的院落四角设有崇楼，在清代曾用作内务府库房。这几座崇楼高于周围廊庑，为重檐歇山顶建筑，屋顶覆黄色琉璃瓦。平面呈正方形，面阔、进深各三间，楼内不分层，空间相对封闭，只在朝向院内的两侧开门或开窗。

在故宫里，崇楼为前朝三大殿独有，体现《周礼·考工记》中高等级建筑所讲究的"四隅之制"，这种形制在古代建筑中并不多见。故宫在四角设有"角楼"，前朝三大殿院落四角另设"崇楼"，可见建筑等级之高。

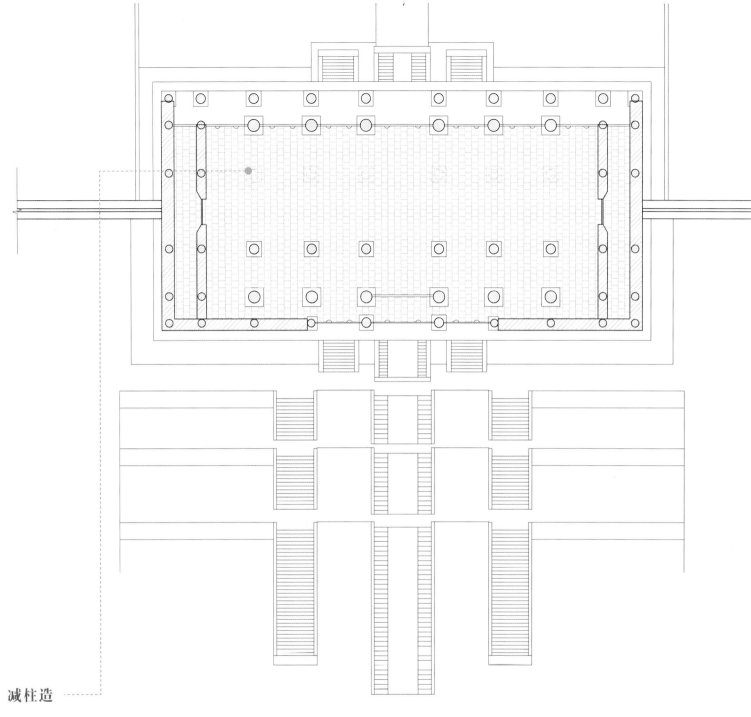

保和殿平面图

减柱造

减柱造是古代木构建筑的一种建造方式，即通过减少建筑内部柱子的数量，让室内空间更为开阔，增加采光，具体的做法有去掉室内纵向或横向的金柱等。

柱子是传统木构建筑的主要承重装置之一，支撑着庞大的屋顶结构，不同建筑类型和规模要按照规定的柱网布局组织搭建。减柱造的力学难点在于，需要通过特殊的梁架构造变化，将屋顶重量分散到其他柱子上，以达到减少室内金柱的同时保证建筑的稳定性

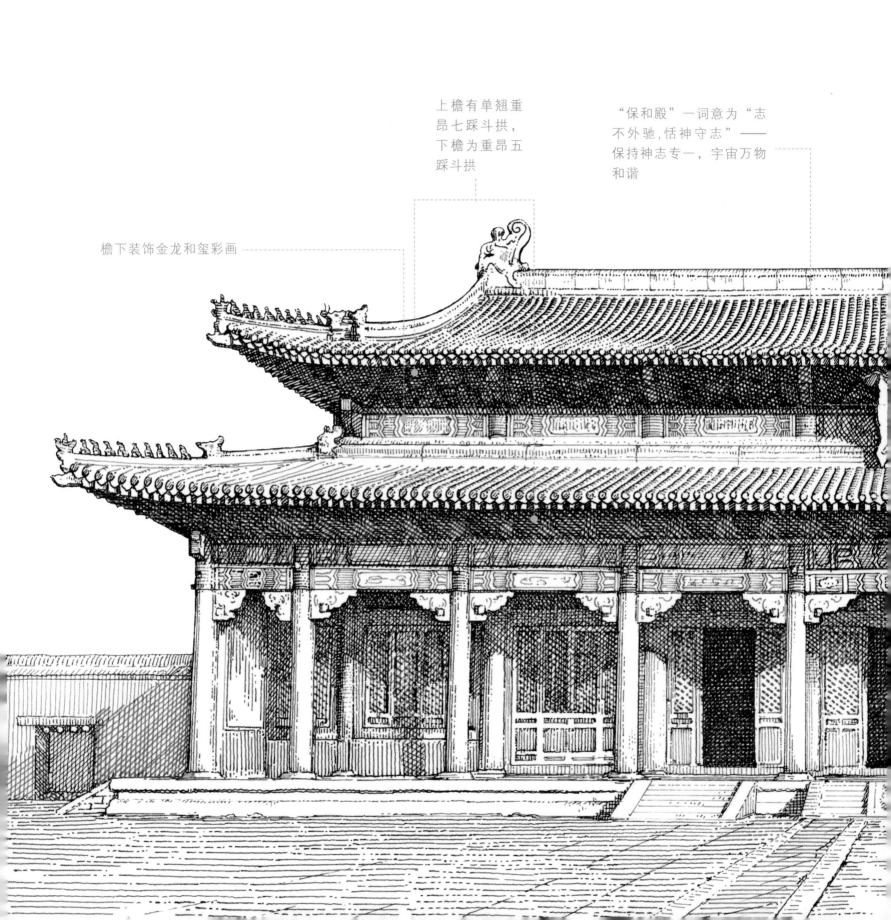

上檐有单翘重昂七踩斗拱，下檐为重昂五踩斗拱

檐下装饰金龙和玺彩画

"保和殿"一词意为"志不外驰,恬神守志"——保持神志专一，宇宙万物和谐

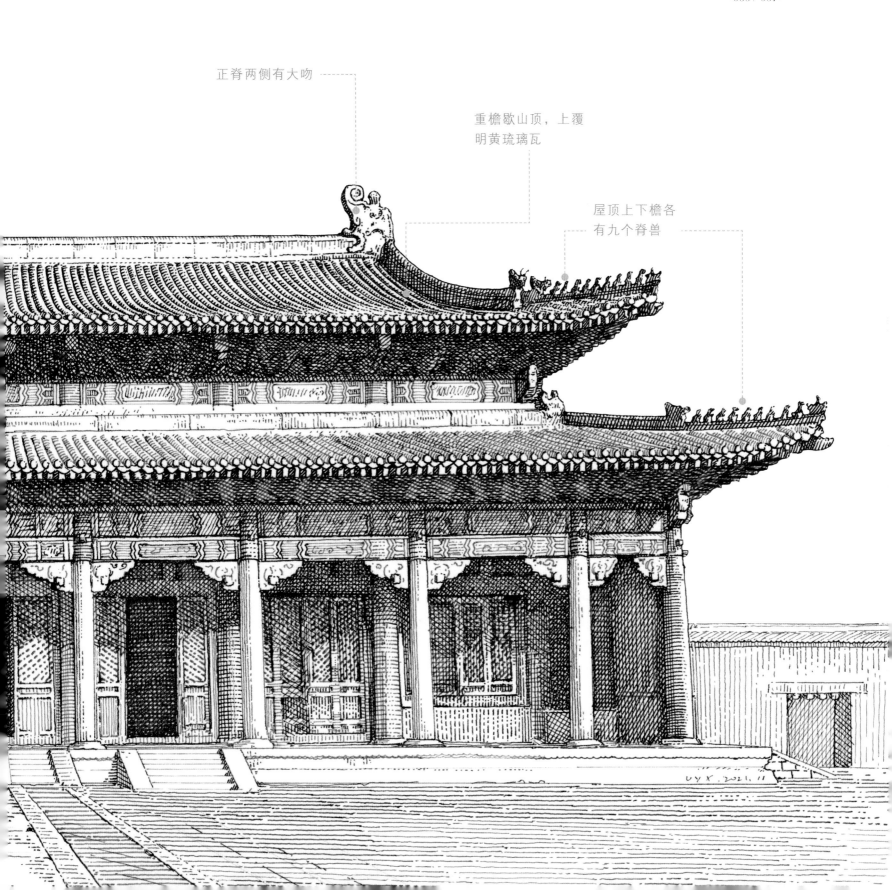

正脊两侧有大吻

重檐歇山顶，上覆
明黄琉璃瓦

屋顶上下檐各
有九个脊兽

内廷后三宫

北京中轴线同时也是故宫的中轴线，太和门与乾清门之间是并称为前朝三大殿的太和殿、中和殿、保和殿，穿过乾清门则进入故宫内廷。"内廷后三宫"一般指南起乾清门、北到坤宁门中间的空间，其核心建筑就是乾清宫、交泰殿、坤宁宫。后三宫总体布局与前三殿相似，南北纵排，同位于一座台基之上。乾清宫前有广场，乾清宫、坤宁宫的东西两侧分别有小院，院内有小殿。

　　后三宫四面围以廊庑，整体呈院落式，有北方民居院落的特点。廊庑共有一百多个房间，用作后宫服务场所，如各类"值班室""库房"等。东西两侧廊庑各开五座门：东侧自南向北分别是日精门（乾清宫前院东侧）、龙光门（乾清宫东侧昭仁殿旁）、景和门（交泰殿东侧）、永祥门（坤宁宫东暖殿旁）、基化门（坤宁宫后院东侧）；西侧自南向北分别是月华门（乾清宫前院西侧）、凤彩门（乾清宫西侧弘德殿旁）、隆福门（交泰殿西侧）、增瑞门（坤宁宫西暖殿旁）、端则门（坤宁宫后院西侧）。

乾清门

乾清门

Gate of Heavenly Purity

位置：北京故宫博物院内

年代：始建于1420年（明永乐
十八年）

规模：面阔五间，进深三间，高
约16米

乾清门位于故宫前朝与内廷之间，南临前朝三大殿中的保和殿，北临内廷后三宫中的乾清宫，是内廷的正宫门。

　　乾清门是单檐歇山顶建筑，坐落在1.5米高的汉白玉须弥座上，座四周环绕石栏。屋顶覆明黄琉璃瓦，檐下有单昂三踩斗拱，装饰金龙和玺彩画。面阔五间，进深三间，正中三开门，两侧是青砖槛墙配方格窗，门前出三阶，正中是云龙纹石雕御道。建筑两侧斜出"八"字影壁，配琉璃顶和须弥座，影壁中心和岔角以琉璃花装饰，生动立体、色泽鲜明，加上朝南的设计，使之在阳光照射下显得流光溢彩。乾清门前摆放有铜狮、铜缸等，门内铺高台通道，直通乾清宫。

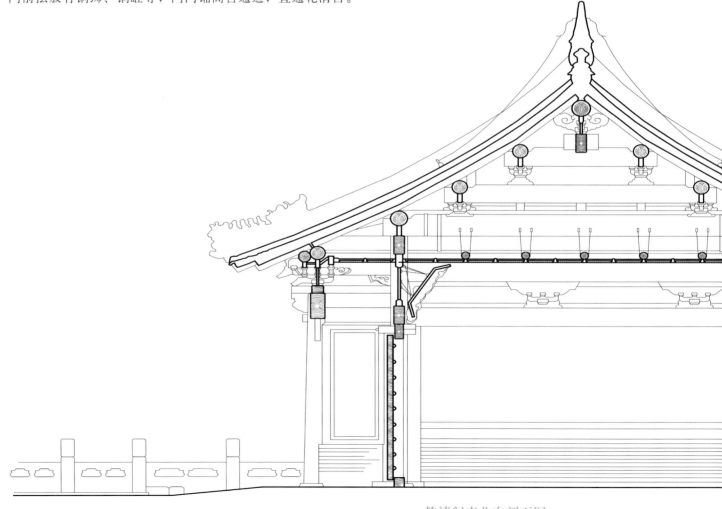

乾清门南北向剖面图

岔角

一种建筑装饰。在方形的天花彩画
或琉璃影壁的四角，一般都装饰有
三角形的图案，用以衬托方形中心
的图案，称为"岔角"。

乾清门作为"内宅"的大门，其形制体现高贵的"门第"，如
门旁影壁就是贵族大门使用的制式。但乾清门在建筑体量上又远小
于前朝的太和门，体现门内建筑的功能和等级。

乾清门始建于1420年（明永乐十八年），1655年（清顺治十二年）
重修。乾清门不仅是连接前朝与后宫的大门，也是清代重要的典仪
场所，还是清代皇帝"御门听政"的地方，每逢听政的日子，清代
皇帝都会在乾清门摆放宝座，在这里听大臣们"汇报工作"。

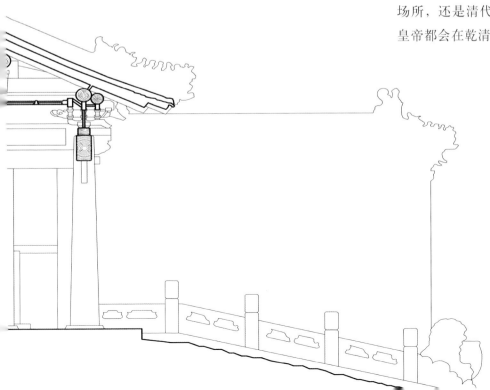

铜狮

明清时，在殿前或门前摆设狮子雕塑是尊贵和威严的象征。乾清门前的铜狮铸造年代不详，但据明末《酌中志》中《明宫史》记载："乾清门外左右金狮各一"，可知当时就有"金狮"摆放在此。左侧是雄狮，右爪下有绣球；右侧是雌狮，左爪下有仰卧的小狮子。

与前朝太和门前狮子造型不同的是，乾清门前的铜狮"守卫"的是皇帝私宅家门，狮子的耳朵是低垂而非耸立的，有说是为了表示后廷的恭顺，也有说是为了警示后宫嫔妃、下人对前朝政事少听、少议。

门前出三阶，正中
是云龙纹石雕御道

正中开三门，两侧是
青砖槛墙配方格窗

建筑坐落在1.5米高
的汉白玉须弥座上，
四周环绕石栏

单檐歇山顶建筑，屋顶覆明黄琉璃瓦，檐下是单昂三踩斗拱，装饰金龙和玺彩画

门前摆放铜狮、铜缸等

两侧斜出"八"字影壁，配琉璃顶和须弥座，影壁中心和岔角以琉璃花装饰

岔角

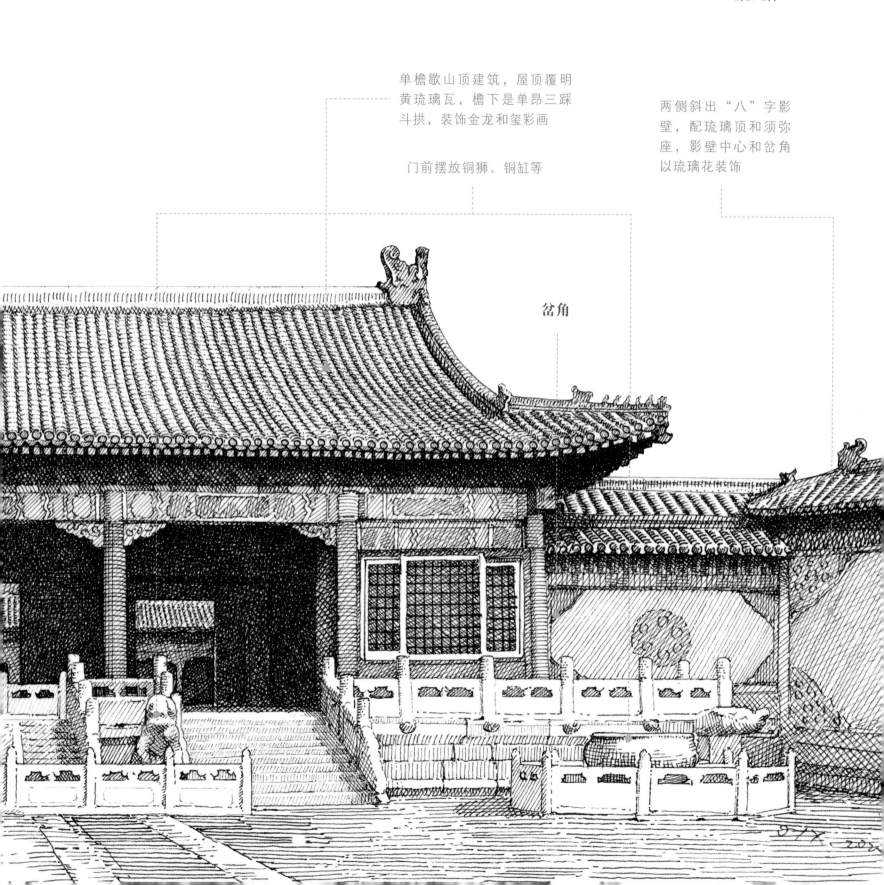

乾清宫

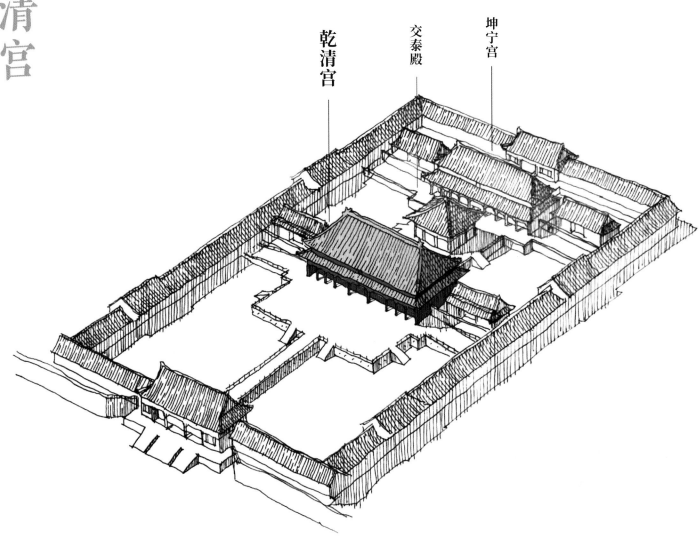

乾清宫　交泰殿　坤宁宫

乾清宫

Palace of Heavenly Purity

位置：北京故宫博物院内
年代：始建于1420年（明永乐十八年）
规模：连廊面阔九间，进深五间，建筑面积1400平方米

　　乾清宫是后三宫中最靠南的宫殿，南侧月台延伸出一条汉白玉甬道，直通乾清门，北侧临近交泰殿。

　　乾清宫始建于 1420 年（明永乐十八年），后多次毁于火灾，清代重建时曾一度缩小规模，后又恢复，只是明代的石房和斜廊没有重建。后续修缮或重建时曾有过部分改建，如 1680 年（清康熙十九年）把乾清宫两侧的围廊改成了穿堂。

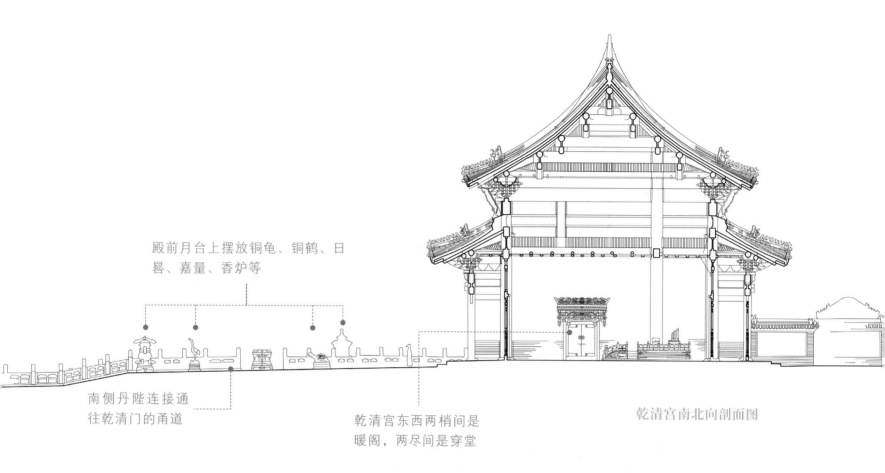

殿前月台上摆放铜龟、铜鹤、日
晷、嘉量、香炉等

南侧丹陛连接通
往乾清门的甬道

乾清宫东西两梢间是
暖阁，两尽间是穿堂

乾清宫南北向剖面图

　　乾清宫在明代建造时曾用作皇帝寝宫。清初曾用作后
宫妃嫔寝宫，按明代规格重建后作为皇帝寝宫，后来皇帝
也曾在此摆宴或宣召大臣议事、接见使节等。清代顺治帝、
康熙帝都曾长期居住在保和殿，1669 年（清康熙八年）
康熙帝搬到乾清宫，并提"表正万邦慎厥身修思永，弘敷
五典无轻民事惟难"联，可以看出这是当时皇帝对自身治
国政务上的要求，也可以说明当时乾清宫已不只是单纯的
寝宫，也是皇帝的"办公"场所之一。

清代雍正帝把寝宫移到了"养心殿"，乾清宫的"居住"功能更加弱化。此外乾清宫还有一个功能，即清代皇帝"秘密立储"的地方。清代雍正帝创立了"秘密立储"的制度，将写有储君名字的纸条封在匣里，然后藏在乾清宫"正大光明"牌匾后面。皇帝去世后再由指定的大臣们一起取出密匣，公布皇位继承人。

"乾清宫"的名字自明代初建时就已确定，"乾"是《易经》中的卦名，代表"天"，因最初建造时就是作为帝王寝宫，当时皇帝为"天"之子，"乾"字尽显尊贵和特殊。而"坤"则代表"地"，《道德经》中有说"天得一以清，地得一以宁"，乾清宫和坤宁宫在当时分别是为帝、后居住而建，名称上也相互映衬，显示天地之和、阴阳相映。

乾清宫是一座重檐庑殿顶宫殿建筑，整体位于两米余高的单层汉白玉台基上，面阔九间，约45.11米；进深五间，约20.46米；高约20.32米。屋顶覆明黄色琉璃瓦，两层屋脊上各有脊兽九个。采用的斗拱形制，分别是上层的单翘双昂七踩斗拱、下层的单翘单昂五踩斗拱。梁枋装饰金龙和玺彩画。再往下看，门窗采用三交六椀菱花隔扇。殿内金砖墁地，明间以"减柱造"的方法减掉了前檐的金柱，室内空间相对开阔明亮。

　　正门望去，直映入眼帘的是悬挂于殿内正中的"正大光明"牌匾，为清顺治帝亲笔书写。"正大光明"一词出自《周易·大壮》："大者正也。正大，而天地之情可见矣。"既是当时帝王光明正派的自我要求，或许也是胸怀坦荡的"人设"彰显。牌匾下的台座上是一座屏风，屏风前摆放金漆雕龙的宝座，尽显威严。宝座前放置有甪端、仙鹤、香筒、香炉等装饰。乾清宫东西两梢间是暖阁，后檐有仙楼，两尽间是穿堂。

　　殿前月台上摆放着铜龟、铜鹤、日晷、嘉量、香炉等。南侧丹陛连接通往乾清门的甬道。可以看到乾清宫丹陛上下都有灯座石基，用以放置天灯、万寿灯。东西丹陛两侧各有一座文石台，上面摆放着金色的社稷江山亭。

上层为单翘双昂
七踩斗拱

南侧月台延伸出
一条甬道，直通
乾清门

垂脊

下层为单翘单
昂五踩斗拱

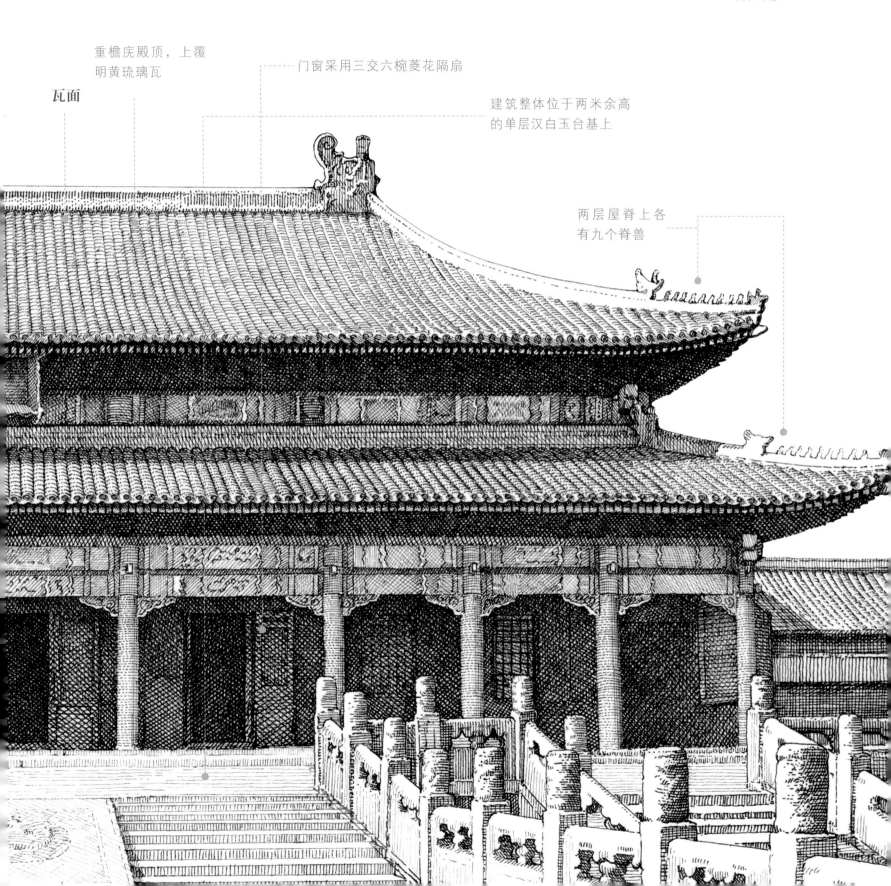

重檐庑殿顶，上覆
明黄琉璃瓦

瓦面

门窗采用三交六椀菱花隔扇

建筑整体位于两米余高
的单层汉白玉台基上

两层屋脊上各
有九个脊兽

灯座

乾清宫前丹陛上下各有一对石基，平面呈六边形，每条边长85厘米，高137厘米，装饰有仰莲、覆莲、狮子纹等浮雕纹样，中间有孔洞。这几座台基与周围的铜龟、铜鹤、铜炉等相比，装饰功能较弱；与同材质的日晷、嘉量相比，又难以通过造型判断它的功能。实际上明清时期每逢年节都要在这里装饰天灯、万寿灯，而这几座石基就是当时的一种"灯座"，通过其巨大的体量即可想象灯饰的庞大，以及当时恢宏热闹的节日气氛。

社稷江山亭

乾清宫东西丹陛下各放有一座文石台。文石台平面呈正方形，上下分三层，以浮雕装饰。四周围以栏杆，南侧留"出口"、设台阶。

文石台上摆放金色的社稷江山亭。金亭平面亦呈方形，类似木构建筑的"模型"，但实际上是铜鎏金材质。重檐顶，上层是圆形攒尖顶，顶部有宝珠；下层是方形腰檐，四条戗脊上各有三个脊兽。制作精美，檐下均可见斗拱装饰，四面各四扇菱花隔扇门，可以见到裙板上有龙纹装饰，仔细观察甚至可以看到额枋上的双龙方心旋子彩画。

摆放在皇帝宫殿外的社稷江山亭在当时既是威严权力的象征，也有一定的使用功能，金殿的门可以打开放置香火。

交泰殿

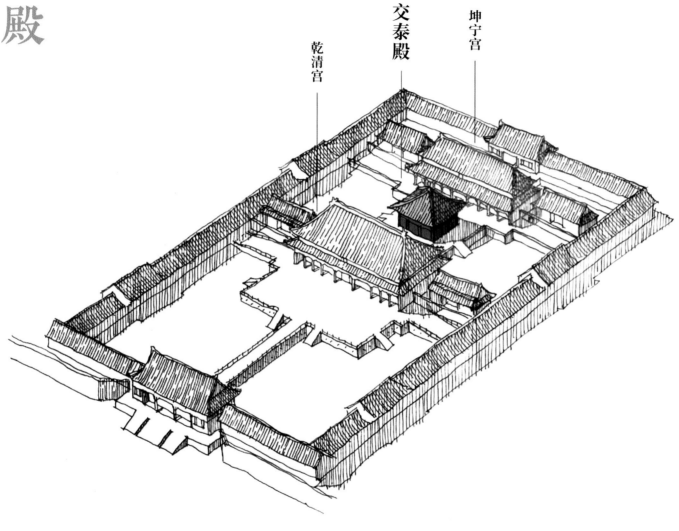

乾清宫　交泰殿　坤宁宫

交泰殿

Hall of Union

位置：北京故宫博物院内
年代：始建于明代
规模：交泰殿平面为方形，面阔、进深各三间

　　交泰殿位于乾清宫、坤宁宫之间，根据明代皇城建筑相关的记录可以推断，当时的交泰殿是皇帝退朝燕息的休憩场所。到了清代交泰殿有了多重功能，如皇后千秋节在这里受庆贺礼；也是当时紫禁城"标准时间"大自鸣钟的存放之处；还是乾隆帝"二十五宝玺"的存放之处等。

　　从交泰殿的空间来看，就不难理解其名称的含义了。清代乾隆《交泰殿铭》中提到"殿名交泰，象取天地"，"交泰"二字意为天地阴阳交合，上下通达。交泰殿南面是皇帝寝宫乾清宫，北面是皇后寝宫坤宁宫，可见内廷后三宫的布局和命名之妙。

关于交泰殿的建造时间并没有明确记录，一说建于明代嘉靖年间，也有学者认为交泰殿始建于明代永乐年间，只是在嘉靖年间定名为"交泰殿"并挂上了匾额。有记录的是 1655 年（清顺治十二年）、1669 年（清康熙八年）的重修或修缮，1797 年（清嘉庆二年）交泰殿损于火灾，后又重建。

　　关于交泰殿的建造时间并没有明确记录，一说建于明代嘉靖年间，也有学者认为交泰殿始建于明代永乐年间，只是在嘉靖年间定名为"交泰殿"并挂上了匾额。有记录的是1655年（清顺治十二年）、1669年（清康熙八年）的重修或修缮，1797年（清嘉庆二年）交泰殿损于火灾，后又重建。

从外立面上看，交泰殿四面外墙都在正中开门，南面门的两侧另有槛窗。殿内金砖墁地，明间正中摆放宝座，宝座后面是清代乾隆皇帝御笔的《交泰殿铭》屏风。宝座上方悬挂清康熙御笔"无为"牌匾，两侧金柱上悬挂清乾隆帝题写的"恒久咸和迓天休而滋至，关雎麟趾主王化之始基"联。宝座正上方顶部是盘龙衔珠藻井，精致华丽。

值得注意的是交泰殿内的摆设，东次间摆设铜壶滴漏，西次间摆放大自鸣钟，也让这座建筑有了时间流转中的永恒通达意味。

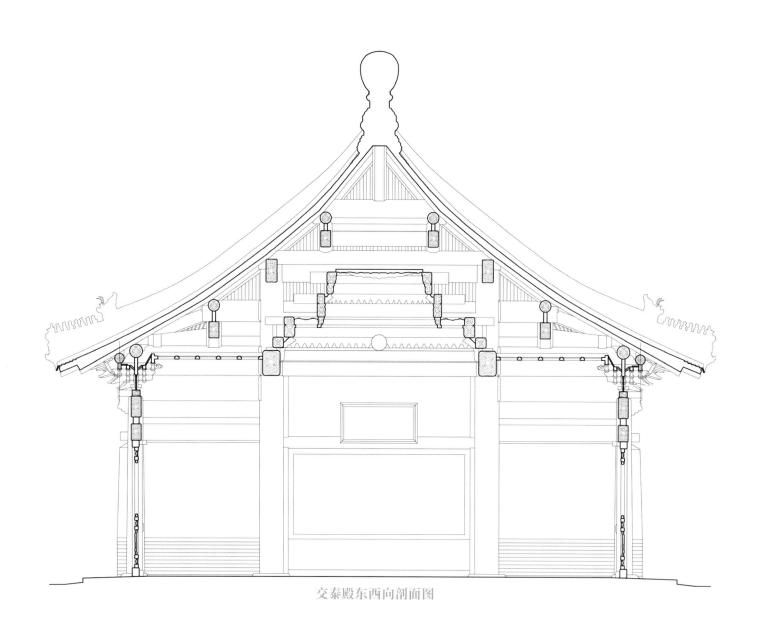

交泰殿东西向剖面图

自鸣钟

自鸣钟最早从西方传入中国是在明代，如今故宫博物院中收藏有诸多自鸣钟珍品。交泰殿中陈设的大自鸣钟则是1798年（清嘉庆三年）清宫造办处制作的。

大自鸣钟外形似三层楼阁，表盘位于中层正面，以罗马数字标记12个小时。外表装饰精美雕花，黑底金漆，华丽庄重。由于体量庞大，如果要给它上弦就得从背面的楼梯爬上去才能完成。

铜壶滴漏

滴漏是我国古代的计时工具之一，故宫交泰殿中摆放的铜壶滴漏属豪华精致的珍品。这座滴漏由清宫造办处制作，外层是建筑式样的木制框架，里层是五个铜壶，即计时工具。

从正面可以直接看到上下排列的三个播水壶，都是上宽下窄的结构，自上而下分别是"日天壶""夜天壶""平水壶"。平水壶后面稍下一点的地方是"分水壶"，形制和平水壶一样。此外还有圆形的"受水壶"，放在木架前面。

铜壶中隐藏着古代精密的计时原理，中午十二点的时候，最上层日天壶里的水装满，水从龙口依次向下滴，直到滴入受水壶。受水壶里有"箭舟"，里面有一个抱着箭的铜人，箭上标记着一天的十二时辰、九十六刻。箭舟会随着壶中的水平面上下浮动，舟里铜人抱着的箭浮动的位置即是时间的标记。

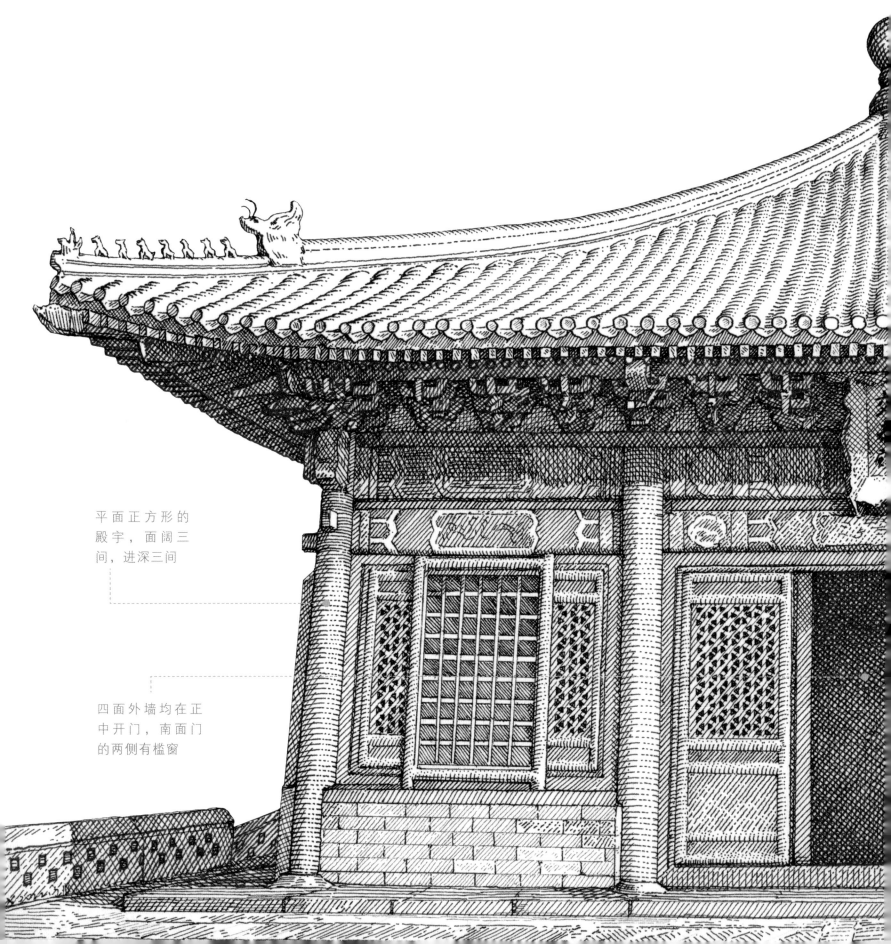

平面正方形的
殿宇，面阔三
间，进深三间

四面外墙均在正
中开门，南面门
的两侧有槛窗

铜镀金宝顶

四角攒尖顶，屋顶覆
明黄琉璃瓦，四脊末
端各有七个脊兽

檐下是双昂
五踩斗拱

梁枋上装
饰龙凤和
玺彩画

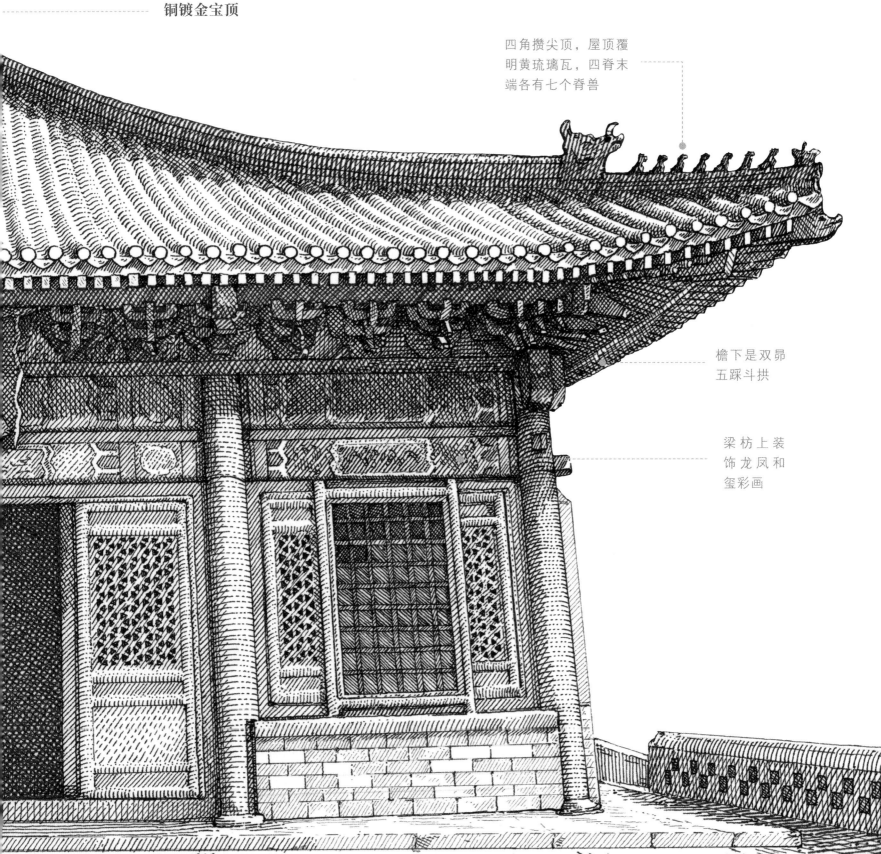

坤宁宫

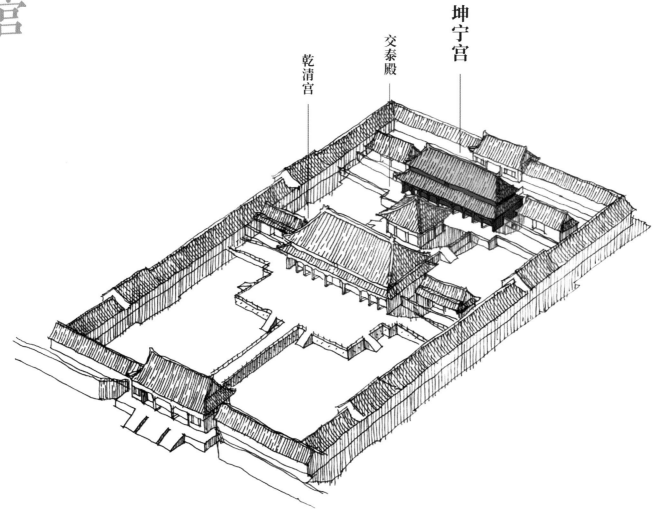

乾清宫　交泰殿　坤宁宫

坤宁宫

Palace of Earthly Tranquility

位置：北京故宫博物院内
年代：始建于1420年（明永乐十八年）
规模：面阔连廊九间，进深连廊五间

　　坤宁宫是内廷后三宫最北侧的一座，南临交泰殿，北侧是坤宁门。坤宁宫与交泰殿、乾清宫同位于后三宫台基之上，东西两侧各有一座小院，院中是东暖殿和西暖殿。

　　明代坤宁宫是皇后的寝宫。1655年（清顺治十二年）改建后，成为萨满教祭神的主要场所，但其中宫的地位并未改变，康熙、同治、光绪大婚都是在坤宁宫举办的。

坤宁宫是重檐庑殿顶建筑，屋顶覆明黄琉璃瓦，上层正脊两侧有大吻，上下檐的四脊上各有七个脊兽。从外观上看面阔连廊九间，进深连廊五间。

　　现存坤宁宫建筑不同于其他沿用明制的建筑体，融入了诸多满族建筑的元素。从内部结构上看坤宁宫是典型的满族"口袋房"，室内贯通，宫殿不从正中开门，而是在东侧次间开门，采用双扇板门，窗户也是满式的直棂吊搭式窗。

　　现在我们见到的坤宁宫内陈设，是故宫博物院根据史料记载复原后的面貌，既有用作居住的暖阁，也有用于祭神的"三面炕"、灶台等装置，借助这些陈列可以对当时清宫里的生活窥探一二。

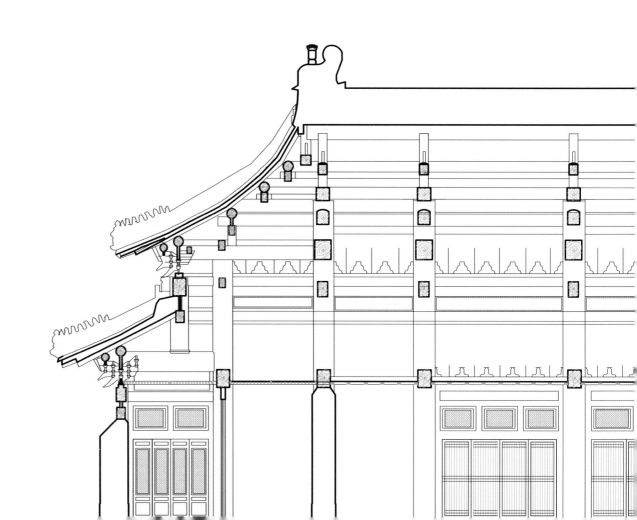

　　从室内陈设上可以看出坤宁宫在清代的使用功能：东侧两间是暖阁，作为居所，一般是帝后大婚的"洞房"；东暖阁墙壁涂红漆，内有双喜字宫灯、双喜字影壁，以及装饰龙凤、双喜、百子等图案的帷帐、炕褥等，有明显的婚房特点；与门相对的后檐摆放锅灶，是祭神时进行杀畜煮肉仪式的场所；西侧四间是祭神的地方，西、南、北侧有三面炕，西、北炕供奉神位。

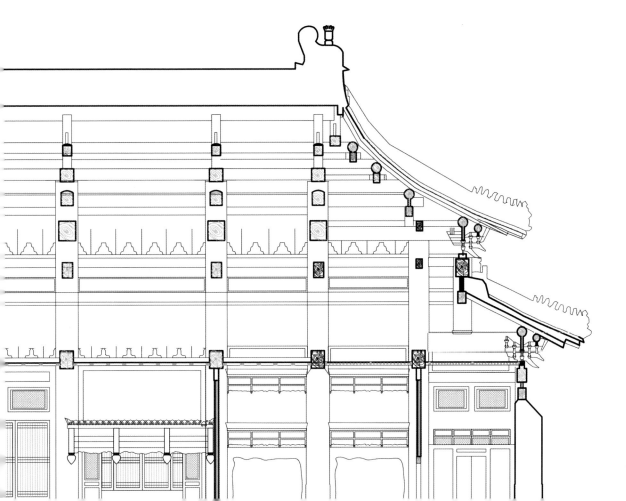

坤宁宫东西向剖面图

直棂吊搭式窗

直棂吊搭式窗是门窗造型的一种。其中"直棂"是指窗上纵排木棂条，棂条上、下、中间安装横条支撑，中间部分通常为三道横条，称为"一码三箭""一码三枪"。

"吊搭"是建筑中窗户开启方式的一种，即窗户上方安装轴，可以从下部将窗向外推开并挂起，甚至与地面平行，是一种颇具满族特点的开窗形式

上下檐四脊上各有
七个脊兽

面阔连廊九间，
进深连廊五间

上屋正脊两端有大吻

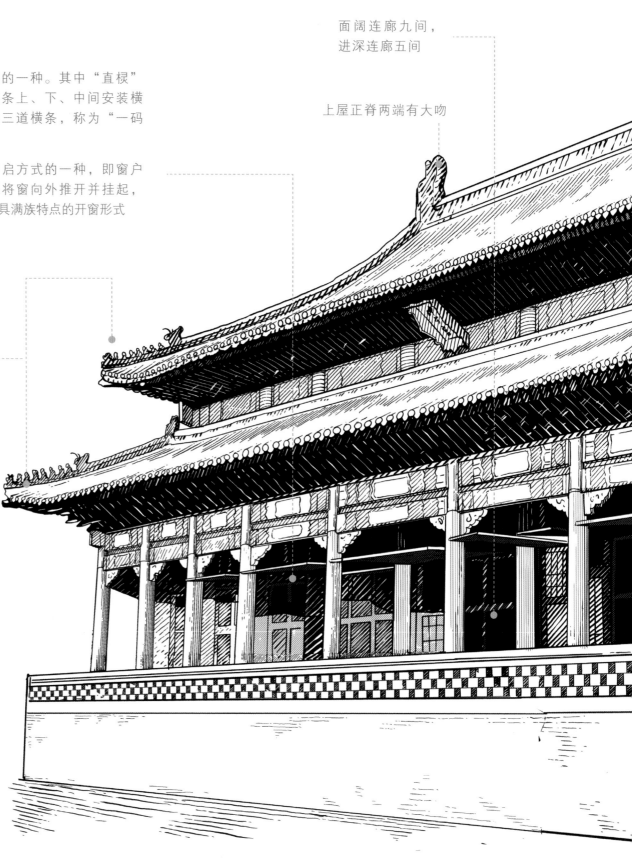

屋顶是重檐庑殿顶，
上覆明黄琉璃瓦

御花园

在故宫里的中轴线上，还有一座园林景观，即"御花园"。御花园位于坤宁宫北侧。四面以宫墙围合，南面有坤宁门，北面是承光门，东、西两侧有小门可通往故宫内廷其他宫殿。

御花园始建于1420年（明永乐十八年），后曾有增修，初建时的基本格局保留至今。明代名为"宫后苑"，清代改称"御花园"。在功能上，明清两代御花园除了是皇帝及其后宫休息赏玩的花园，还兼具藏书、祭祀等功能。花园中心的钦安殿曾经是供奉道教神像之处，摛藻堂曾是一个藏书的地方，《四库全书荟要》就曾储存在此。

御花园
Imperial Garden

位置：北京故宫博物院内
年代：始建于1420年（明永乐十八年）
规模：御花园东西宽140米，南北深80米，
占地面积约12000平方米

御花园中不仅有多种树木、花草，掩映间还可以见到水系、假山和多座建筑，可谓一步一景，大气幽然。从平面上看，园中建筑大体仍呈对称排布。但置身其中时，建筑在植被的遮挡下有一种错落之感。

从南向北穿过坤宁门即进入御花园，在正中轴线上依次是天一门、钦安殿，东西对称分布多座建筑，东侧自南向北依次是风雅别致的绛雪轩、造型独特的万春亭、建于水池上的浮碧亭，以及花园东北角的凝香亭，凝香亭西是摛藻堂，钦安殿东北侧的堆秀山上还修建有御景亭，凭石阶而上，可俯瞰花园美景。

西侧自南向北分别是养性斋、千秋亭、澄瑞亭，以及花园西北角的玉翠亭、亭东的位育斋和钦安殿西北侧的延晖阁。除了这些体量较大的建筑，还可见井亭等小建筑，与花园中的假山石、树木花草等交错掩映，美不胜收。

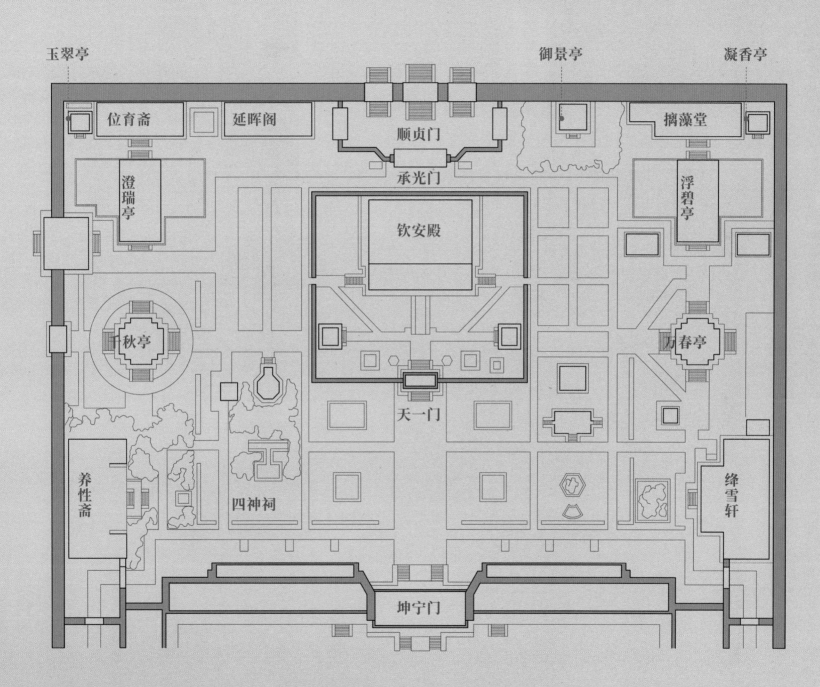

北

玉翠亭　　　　　　　　　　　　　　　　　御景亭　　　　　　凝香亭

位育斋　　延晖阁　　　　　　　顺贞门

承光门

澄瑞亭　　　　　　　　　　　　　　　　　　　浮碧亭

钦安殿

摛藻堂

千秋亭

万春亭

天一门

养性斋

四神祠

绛雪轩

坤宁门

御花园布局图

铜象

御花园内的鎏金铜象，"穿戴整齐"，躬身下跪，寓意富贵吉祥。自古以来，大象就因为力量强大却安详温和而被人视为吉物，也是传统文化中的瑞兽之一。

獬豸

獬豸是《异物志》中记载的异兽，传说能辨别是非贤恶。御花园中的一对獬豸位于天一门外。

天一门

　　天一门是故宫御花园中钦安殿院落的正门，顶部是类房屋建筑的歇山顶，覆明黄琉璃瓦，檐下以琉璃仿造斗拱等装饰，额枋绘旋花彩画纹样。顶下墙体以青砖砌成，在红墙金瓦等宫廷建筑中显得独特、古朴。墙体正中开拱形门洞，内有红漆双扇门，门上装饰铜鎏金门钉。门的两侧有琉璃影壁，影壁正中和岔角装饰云纹和白色仙鹤图案，灵动而富有生气，也显出院落庄重神秘之感。门前出石阶，两侧摆放独角獬豸。

盝顶

盝顶是中国古代建筑中的一种屋顶形式，底部是庑殿顶，上端做成平顶，以四条正脊围成，有时是中空的，有时是封顶的，御花园钦安殿的盝顶上端还有鎏金宝顶。

钦安殿

钦安殿是故宫御花园中的一座殿宇，始建于 1535 年（明嘉靖十四年），曾经是供奉道教神像的地方。宫殿重檐盝顶，覆明黄琉璃瓦，顶部有鎏金宝顶。整体建在汉白玉须弥座上，殿前月台正中出陛，雕刻云龙纹样。主体建筑面阔五间，红墙金瓦，周围有低矮院墙，自成院落。

千秋亭

千秋亭是故宫御花园中的一座造型别致的亭子，与万春亭位置东西相对，造型相似。顶部是重檐攒尖顶，顶上有宝珠。上层檐呈圆形，覆竹节瓦；下层檐由十二个翼角组成，从平面上看，正方形主体的四面正中分别出抱厦，结构复杂精美而富有层次感。千秋亭坐落在汉白玉台基上，四面各有台阶，亭前有小方井亭和假山石等。

御花园中有诸多亭子建筑，其中千秋亭和万春亭是体量较大、造型精美的两座，此外还有建在水上的浮碧亭和澄瑞亭等，与周围景观、建筑呼应，各具一格。

神武门

神武门

Gate of Divine Prowess

位置：北京故宫博物院内

年代：建成于1420年（明永乐十八年）

规模：神武门总高约31米，平面呈矩形，城楼为一座重檐庑殿顶建筑，面阔连廊七间，进深连廊三间

位于北京中轴线上的神武门是如今故宫博物院的北出入口。南侧是故宫建筑群，北侧隔护城河与景山前街与景山公园相邻。

神武门建成于 1420 年（明永乐十八年），当时是紫禁城北门，起初名为"玄武门"，后为了避清代皇帝名讳改为"神武门"。

神武门是紫禁城重要的出入口之一，当时宫内妃嫔在此门出入宫城，清代著名的"选秀女"活动举行时，参选秀女就是从神武门进宫。除此之外，神武门曾经还有钟、鼓装置，是紫禁城的报时地点。

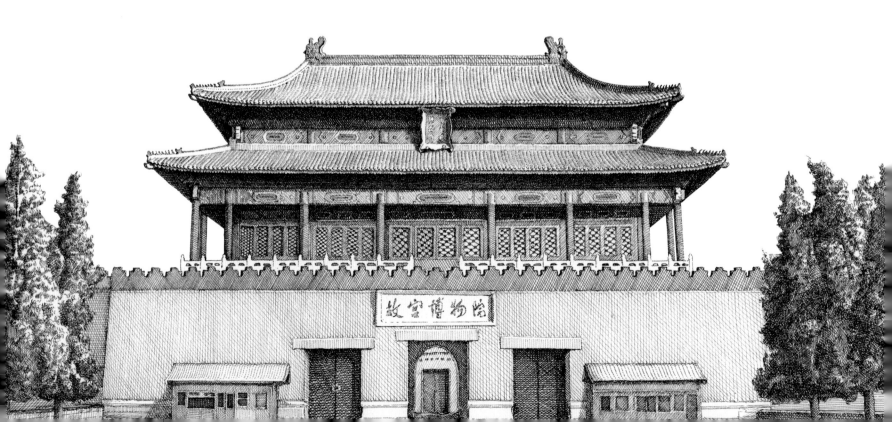

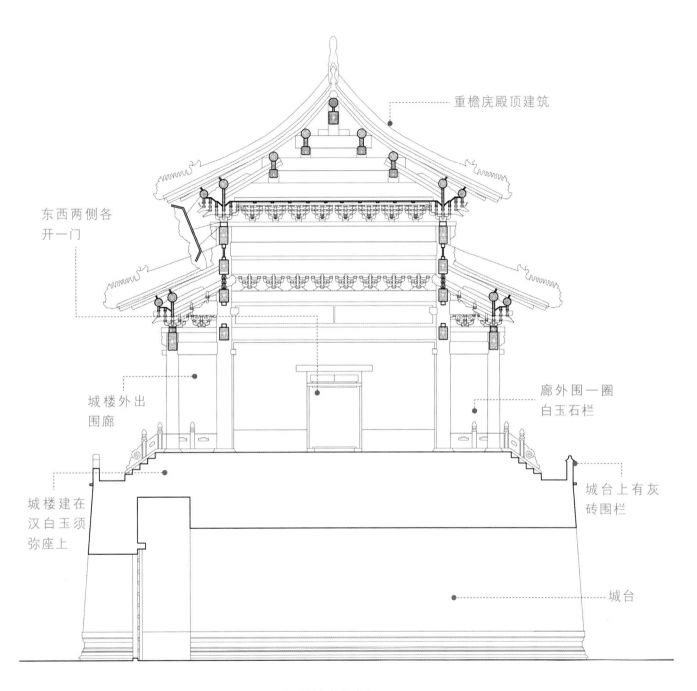

重檐庑殿顶建筑

东西两侧各
开一门

城楼外出
围廊

廊外围一圈
白玉石栏

城楼建在
汉白玉须
弥座上

城台上有灰
砖围栏

城台

神武门南北向剖面图

神武门是一座宫门建筑，整体坐南朝北，由城台和门楼两部分组成，通高约31米。城台墙体为红色，上有灰砖围栏，左右两侧有马道。中间开三座门洞，从外立面看是矩形，内部是拱券形。中间门洞最高，两侧略低，各安装双扇木板门，门上横纵各九排门钉。

城台上的门楼是重檐庑殿顶木构建筑，上覆明黄琉璃瓦，上下层四脊各有七个脊兽，上层正脊两端有大吻。门楼建在汉白玉须弥座上，面阔连廊七间，进深连廊三间，廊外围一圈汉白玉石栏，可供人行走。

梁枋装饰墨线大点金旋子彩画

上层屋檐为单翘
重昂七踩斗拱

下层屋檐为单翘
单昂五踩斗拱

门楼面阔连廊七间，
进深连廊三间，廊外
有一圈汉白玉石栏

门楼建在汉白
玉须弥座上

故宫博

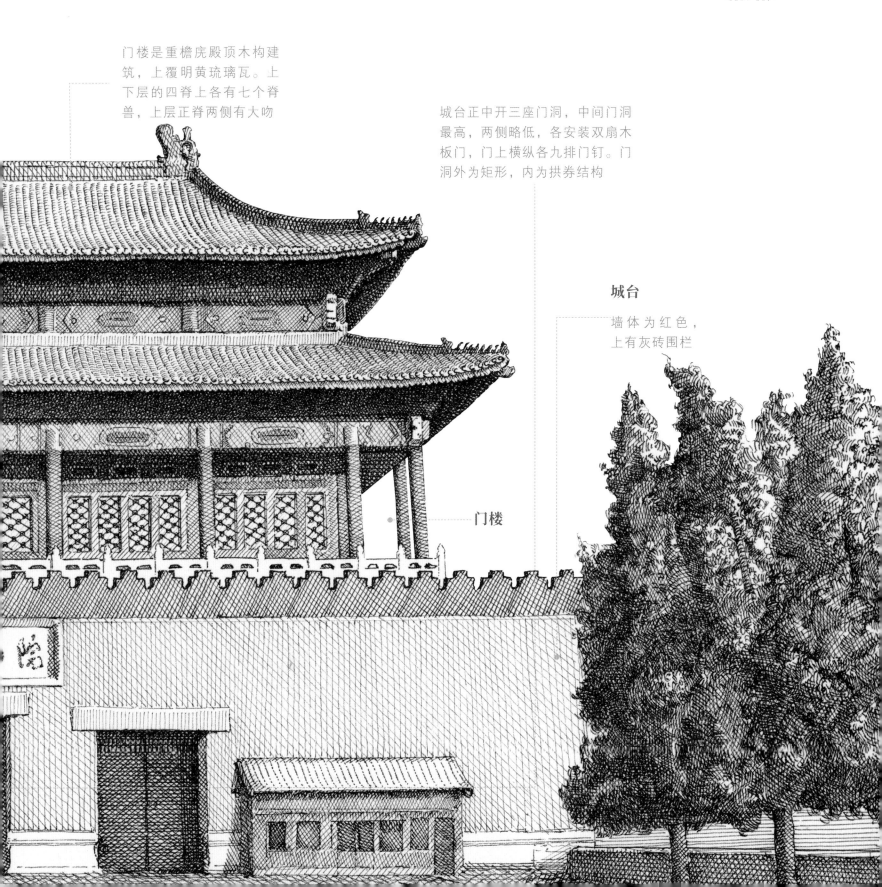

门楼是重檐庑殿顶木构建筑，上覆明黄琉璃瓦。上下层的四脊上各有七个脊兽，上层正脊两侧有大吻

城台正中开三座门洞，中间门洞最高，两侧略低，各安装双扇木板门，门上横纵各九排门钉。门洞外为矩形，内为拱券结构

城台

墙体为红色，上有灰砖围栏

门楼

明清时期的北京中轴线，一般指永定门到钟楼之间约7.8公里长的轴线。在这条传统城市轴线的中心位置当属故宫建筑群，从空间位置划分，本书对传统北京中轴线上的故宫、故宫以南、故宫以北三个部分进行分别讲述。这里所说的传统南中轴，指的是故宫南门——午门以南、永定门以北的部分建筑。空间上包括前门大街、天桥等商业或文化区，还包括城门建筑、祭祀建筑遗存。

传统南中轴

在古代城市中，城门是交通闸口，也是防御建筑，都城的城门建筑更是皇权威仪的象征。明清时期的北京城沿中轴线营建，部分城门建筑就建造在轴线之上，除了紫禁城的部分城楼建筑，今天还可见四座城门建筑，分别是位于传统紫禁城和皇城之间的端门、明清皇城的正南门——天安门、明清北京内城正南门——正阳门、明清北京外城正南门——永定门。

　　除城门建筑外，传统南中轴上还分布着明清时期帝王的坛庙建筑。在中国古代祭祀建筑中，根据祭祀对象的不同而有多种类型，如祭祀天地自然的坛庙、祭祀祖先的家祠祖庙、祭祀先贤的祠堂等。

　　祭祀建筑无论从空间位置还是建筑形制，都严格依照礼制建造，是古代祭祀文化和建筑艺术的集中体现。在传统南中轴上，就可以见到祭祀祖先的太庙和祭祀社稷的社稷坛，按照"左祖右社"的规制分设在北京中轴线的东西两侧；祭祀天地的天坛和先农坛也依北京中轴线东西对称分布。

端门

端门建成于 1420 年（明永乐十八年），是当时皇宫的"五门"之一。《周礼》中"三朝"指"外朝""治朝""燕朝"，"天子五门"分别是"皋门""库门""雉门""应门""路门"，依次指皇宫的外大门、仓库的大门、皇宫宫门、皇帝上朝的大门、会见大臣的"燕朝"大门。

明代北京的"五门"指中华门（明代称"大明门"，清代称"大清门"，民国时改称"中华门"，后被拆除）、天安门、端门、午门、太和门。清代君主曾将会见大臣的地点从太和门改至乾清门，此时从功能上看"五门"则变为天安门、端门、午门、太和门、乾清门。此时端门对应"库门"，也可窥见这座城门的部分使用功能，它曾用来存放皇帝仪仗，也曾在民国时期用作文物库房。

端门

Upright Gate

位置：北京故宫博物院的午门与天安门之间
年代：建成于1420年（明永乐十八年）
规模：城台高10米有余，城楼面阔九间，进深五间端门位于午门之南，是古代紫禁城和皇城之间的一座城门。端门和午门之间的朝房曾经是吏、户、礼、兵、刑、工六部的办公场所，现部分朝房是国旗护卫队的驻地。每天清晨，国旗护卫队从这里出发，穿过端门和天安门，行至天安门广场进行升旗仪式，仿佛在跨越时空中不断描摹着北京中轴线的历史温度。

从建筑整体看，端门的形制与天安门城楼相似，由城台和台上建筑两部分组成。城台以北京中轴线为中心开五个门洞，中间门洞最大，至两侧渐小，每座门洞上均有两扇木质朱漆大门，门上"纵横各九"排列八十一颗铜钉。

城台上是一座重檐歇山顶建筑，华丽巍峨。值得注意的是，在建筑装饰上端门有其独特之处，即宝珠吉祥草彩画。这种建筑彩画纹样在端门和午门可以寻见，端门内檐梁枋的方心式宝珠吉祥草彩画又独具特色。它在构图、线条、色彩等方面均区别于满蒙传统的宝珠吉祥草建筑装饰纹样，同时，也区别于其他宫殿中以宝珠吉祥草为从属纹样的彩画样式。端门彩画仍以宝珠为中心，搭配卷草纹，但采用官式旋子彩画的构图，体现出文化艺术演变过程中的阶段性特点，从一个相对微观的角度记录了当时满汉文化融合的切面。

方心式宝珠吉祥草

方心式宝珠吉祥草是建筑彩画的样式之一。"宝珠吉祥草"是建筑彩画中的一种纹样，一般以"宝珠"纹样为中心，搭配卷草纹样，根据构图不同有多种样式。"方心式"是一种彩画的构图形式，即在梁枋中间一段的中心绘制矩形框，边框及周围均绘制精美纹样。

端门的方心式宝珠吉祥草纹样采用了官式旋子彩画的构图，中间画三颗宝珠，并对称绘制吉祥草纹样，特点鲜明。

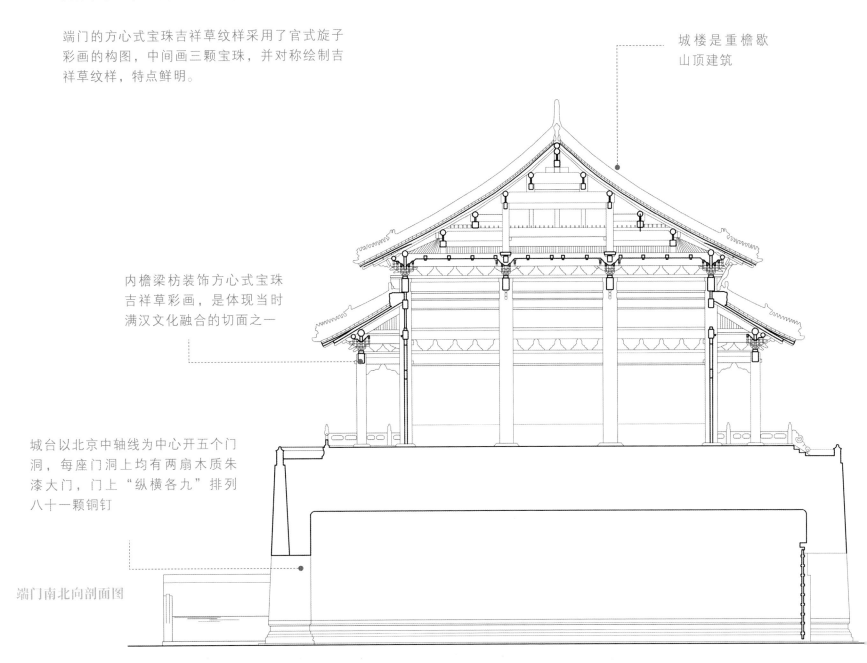

城楼是重檐歇山顶建筑

内檐梁枋装饰方心式宝珠吉祥草彩画，是体现当时满汉文化融合的切面之一

城台以北京中轴线为中心开五个门洞，每座门洞上均有两扇木质朱漆大门，门上"纵横各九"排列八十一颗铜钉

端门南北向剖面图

天安门城楼

天安门城楼是明清北京皇城的正门，由明代御用筑匠师蒯祥设计，当时名为"承天门"，1651年（清顺治八年）重建后改名为"天安门"。

1950年被设计为国徽主体图案之一，此时天安门城楼已不只是历史建筑的遗存，作为曾见证开国大典等活动的重要场所，成为新中国的一种标识。

现今来自五湖四海的游客常在天安门城楼前合影留念，他们登上城楼就可以向南望见人民英雄纪念碑及整座天安门广场，重温历史，遥想古今。

天安门城楼
Tian'anmen Gate

位置：端门南侧，天安门广场北侧
年代：建成于1420年（明永乐十八年）
规模：通高34.7米，上层是重檐歇山顶
城楼，面阔九间，进深五间

今天的天安门城楼已经被赋予了更为丰富的社会文化内涵，它是城市中的一座中国古代城门建筑"标本"，是古老北京城作为古都的标签之一，也是今天首都北京的标志性建筑之一。天安门城楼俨然已经成为北京城的一张文化名片，它北靠故宫博物院，南临天安门广场，连接着北京中轴线上的古今历史。

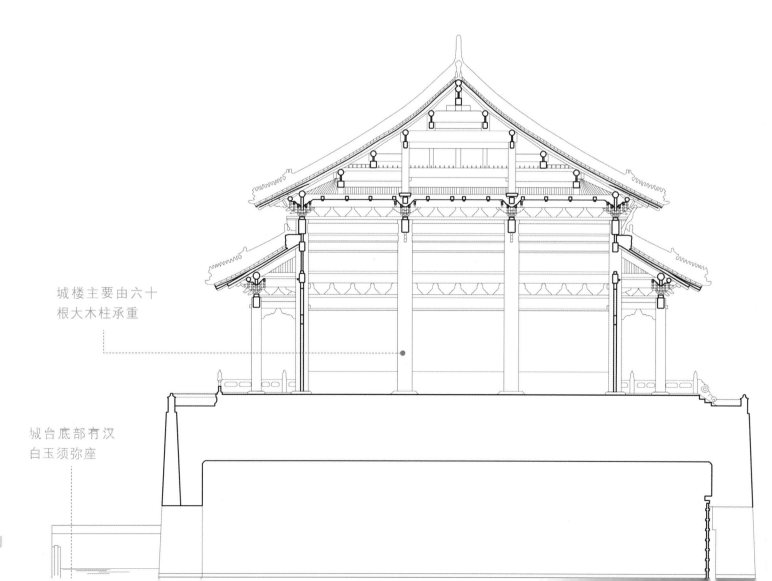

城楼主要由六十根大木柱承重

城台底部有汉白玉须弥座

天安门城楼
南北向剖面图

天安门城楼建成于 1420 年（明永乐十八年），起初是一座木制牌坊式建筑，后被焚毁，1465 年（明成化元年）重建时改为宫殿式城门，规模较前扩大，也就是今天所见天安门城楼的建筑主体面貌。

　　天安门城楼的主体结构由城台、城楼两部分组成，通高约 34.7 米，庄严肃穆、大气恢宏。从南侧望去，首先映入眼帘的是横跨在天安门城楼前金水河上的五座汉白玉石拱桥（此外还有两座外金水桥分别位于中山公园和太庙南侧门前），即"外金水桥"，正中间体量最大的拱桥位于北京中轴线上。金水桥南北两侧各有一对石狮，桥南侧对称排列一对华表。

沿金水桥向北，则可见天安门城楼的城台。城台高约13米，宽约120米，进深约40米。城台底部有汉白玉须弥座，南北向开五座拱门，正中位于北京中轴线上者最大。城台北侧东西两边各有马道，可上下城台。台面四周环绕矮墙，墙上装饰琉璃瓦顶，与天安门城楼红墙金瓦的总体造型相映衬。

城楼是一座重檐歇山顶建筑，面阔九间，进深五间。屋顶覆明黄琉璃瓦，正脊两侧有大吻，上下层戗脊各有九个脊兽，九兽前是骑凤仙人，九兽后是体量略大的戗兽。

山花（东西半坡上的三角形区域）是红色底金色立体装饰，更显辉煌夺目。上檐、下檐分别有斗拱和彩绘梁枋。城楼底部围以汉白玉栏杆，装饰莲花宝瓶雕刻纹样，庄重华美。城楼建筑主要由六十根大木柱承重，屋顶内部有团龙图案藻井。

华表

华表是古代大型建筑前的一种石柱，通常没有使用功能，仅做装饰、标识等，其象征意义在于一种民族、文化的图腾，今天的遗存既是古代建筑的标本，也是中华传统文化的象征之一。

天安门城楼前的一对汉白玉华表高约9.57米，直径近1米。方形基座外围有石栏，四角各有一座朝南蹲坐的小石狮，雕刻细腻生动。柱身雕刻盘龙和云纹，柱头云板雕刻云纹，云板之上是承露盘，顶部是朝南蹲坐的"犼"，传说称"望君归"，即希望外出的帝王早些回宫处理政务。天安门城楼内侧（北侧）的一对华表顶上也有石犼，面朝北方紫禁城内，传说称"望君出"，即希望君主多走出皇宫，体察百姓生活。

山花

指建筑中歇山顶两侧的三角形区域，通常有各式的装饰。如在博风板上做立体雕刻装饰，即"悬鱼""惹画"，既装饰建筑，又起到固定、保护屋顶构件的作用；也有用雕刻、彩绘等做成的平面装饰效果

上下檐分别有斗拱和彩绘梁枋

台面四周环绕矮墙，墙上装饰琉璃瓦顶

城楼是重檐歇山顶
建筑，面阔九间，
进深五间，屋顶覆
明黄琉璃瓦

上下层戗脊各有
九个脊兽，九兽
前是骑凤仙人，
九兽后是体量略
大的戗兽

四条垂脊末端
各有一只垂兽

城楼

城台南北向开五座
拱门，正中位于北
京中轴线上者最大

城台

高约13米，
宽约120米，
进深约40米

太庙

太庙
Imperial Ancestral Temple

位置：北京故宫博物院东南侧
年代：始建于1420年（明永乐十八年）
规模：平面呈长方形，总面积约19.7万
平方米

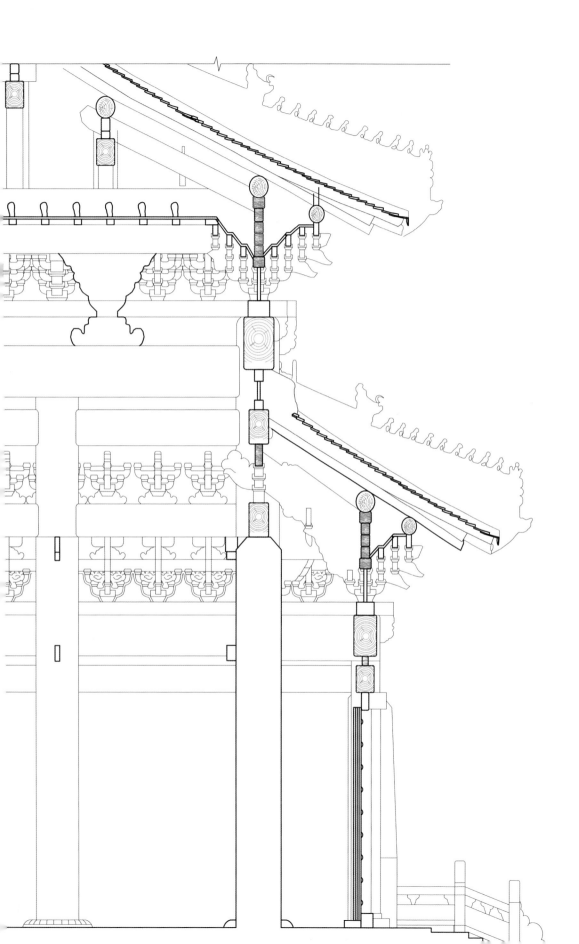

太庙前殿外墙细部剖面图

　　北京中轴线上的祭祀建筑按照《周礼·考工记》中"左祖右社"的规制建造，即祭祀祖先和祭祀社稷的建筑分别建造于宫殿的左右（东西）两侧。太庙和社稷坛位于故宫南侧，以北京中轴线为中心东西对称分布。其中太庙位于天安门东侧、天安门广场东北角，在明清两代是皇帝祭祖的地方，如今是全国重点文物保护单位。享殿面阔十一间，进深六间，檐间挂木匾，满汉文竖写"太庙"。

　　太庙始建于 1420 年（明永乐十八年），后多次重建或修建，形成现在面貌。1950 年改名为"北京市劳动人民文化宫"并沿用至今。但在面向公众开放之初，太庙一带仍有人居住，并且不少建筑年久失修，破损严重。到了 2006 年进行了为期两年的系统修缮，在留存古建筑风貌的同时兼顾了当代的参观需求。

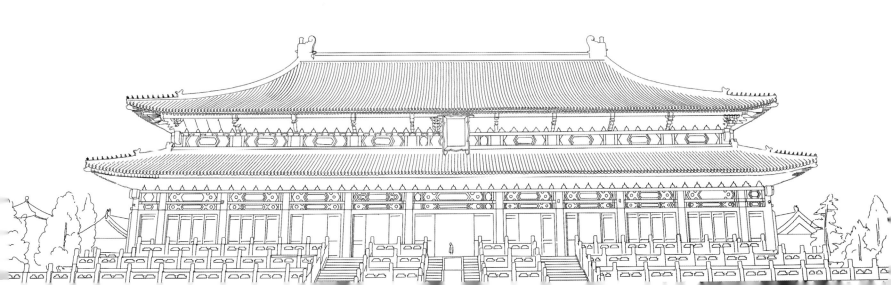

太庙即今天的北京市劳动人民文化宫，明清时期这里供奉的都是皇家先祖，所以建筑形制等级颇高——三层须弥座、明黄琉璃瓦、重檐庑殿顶主殿等，庄重、威严，无不体现着皇家建筑的尊贵气派。从总体布局上看，太庙建筑群坐落于三层院墙之中，占地约19.7万平方米，其中内院墙长宽分别是207.45米、114.56米，长宽比为九比五，"九""五"两个数字在古代也是"天子"之尊的象征。院中建筑群沿南北轴线对称分布，主体建筑是三座大殿。

进入园内，首先映入眼帘的是位于中层围墙南侧正中的前琉璃门，也曾是太庙的正门。前琉璃门整体建造在汉白玉须弥座上，红墙上方是明黄琉璃瓦覆盖的小庑殿顶，檐下装饰黄绿相间的琉璃斗拱、额枋、垂莲柱装饰，中间开三座拱门。自前琉璃门进入后可见到东西向的玉带河，河上有七座南北走向的戟门桥，桥南东西两侧分别建有神库、神厨，自戟门桥往北，两侧各有一座六角井亭。再往北即是"大戟门"，门内曾存放一百二十支铁戟。大戟门建在汉白玉须弥座上，四周绕以围栏，单檐庑殿顶，上覆明黄琉璃瓦。大戟门正中有精美的丹陛，两侧各有一座小戟门。

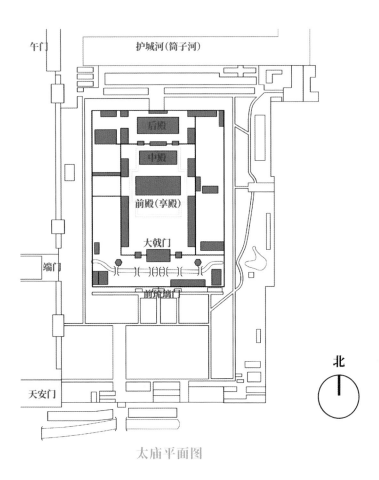

午门

护城河（筒子河）

后殿

中殿

前殿（享殿）

大戟门

前琉璃门

端门

天安门

北

太庙平面图

　　由戟门进入内院即可见太庙的主体建筑，三座大殿均坐北朝南，前殿（享殿）位于太庙建筑群的几何中心，也是其中建筑体量最大的一座，曾是明清皇帝祭祖的地方。前殿是一座重檐庑殿顶木构建筑，建造在三重须弥座上，面阔十一间，进深六间，屋顶覆明黄琉璃瓦，南侧正中、两层屋檐之间悬挂牌匾，上书写"太庙"。两层檐角脊兽多达九只。值得注意的是，太庙前殿中使用的六十八根大柱均是整根金丝楠木，实属罕见。殿内金砖墁地，多装饰沥粉贴金彩画。神座前放置祭器、祭品，供祭祀时使用。大殿被汉白玉栏杆环绕，殿前月台宽阔，为祭祀活动留有足够的空间。

　　中殿（寝殿）曾是供奉历代帝后牌位的地方，与前殿建造在同一个台基上，是一座黄琉璃瓦单檐庑殿顶建筑，面阔九间，进深四间。每逢祭祀大典，则将这里的牌位移到前殿供奉，典礼结束后再放回。后殿（祧庙）曾是供奉远祖牌位的地方，是一座黄琉璃瓦单檐庑殿顶建筑，亦建立在台基之上，但与前殿、中殿并不相连，而是隔有一面红墙，墙正中设有五座门，门上装饰黄琉璃瓦歇山顶。

　　太庙建筑群是我国珍贵的皇家宗庙建筑群遗存，建筑严格按照古制分布、建造，不仅是古代高超营造技术的展现，也是礼法建筑形制的集中表达，更是古代宗族观念、祭祀文化的实体展示。

从戟门望向前殿

戟门

原有镀金、镀银铁戟一百二十支，故称"戟门"，实为内院正门。

戟门坐落在汉白玉石护栏围绕的白石须弥座上，是一座黄琉璃瓦单檐庑殿顶建筑。檐下施单抄双下昂斗拱，正中三间为三座大门，正中者位于轴线上，连接通往享殿的御路。

社稷坛

社稷坛在明清时期是皇帝祭祀土地神和五谷神的地方。"社""稷"分别表达着对疆土、粮食的崇拜，与土地、农耕、衣食相关。"社稷"也是国家权力的象征，明清时期皇帝会定期来此举办祭祀仪式，逢重大事件也会来此祭祀祝祷，表达当时对风调雨顺、国土稳固的期冀。

社稷坛始建于1420年（明永乐十八年），在元代万寿兴国寺的基址上兴建，称为"社稷坛"，清代曾进行过改建。1914年改名为"中央公园"，向公众开放。1925年孙中山去世后曾在社稷坛拜殿停灵，1928年此地改名为"中山堂"，社稷坛改名为"中山公园"，其间曾进行过营造或改建。后曾改名"北平公园""中央公园"，1945年才又改回"中山公园"。

社稷坛即今天的中山公园，位于故宫午门外西南侧，北靠故宫，南临长安街，东侧自北向南依次临近午门、端门、天安门，西侧是南长街。在明清两代，社稷坛是封建君主祭祀土地神和五谷神的地方，隔北京中轴线与太庙左右对称，体现"左祖右社"的都城规划思想。

社稷坛

Altar of Land and Grain

位置：北京故宫博物院西南侧
年代：始建于1420年（明永乐十八年）
规模：平面为不规则长方形，南部东西宽345.5米，北部东西宽375.1米，南北长470.3米，有内外两重坛墙

从公园南侧进入，穿过"保卫和平坊"可见孙中山雕像，左侧是习礼亭。沿习礼亭穿过石狮守卫的大门进入内院，正前方即社稷坛，西南侧是神厨、神库，在古代分别是存放厨具、制作祭品以及存放祭祀用品的地方。一墙之隔的西侧是宰畜亭，还可见从圆明园移建过来的兰亭八柱；东侧是今天的中山音乐堂。社稷坛北侧是拜殿（中山堂），再北侧是戟门和北门。

拜殿

又称享殿（中山堂），位于祭坛北侧，黄琉璃瓦歇山顶建筑，面阔五间、进深三间，建筑面积约950.4平方米。拜殿始建于明代，在明清时期是皇帝休息，或祭祀遇到风雨的时候行礼的地方。孙中山先生逝世后曾在此停灵，后改称为"中山堂"，今天人们仍常在此举办纪念活动。

北

社稷坛平面图

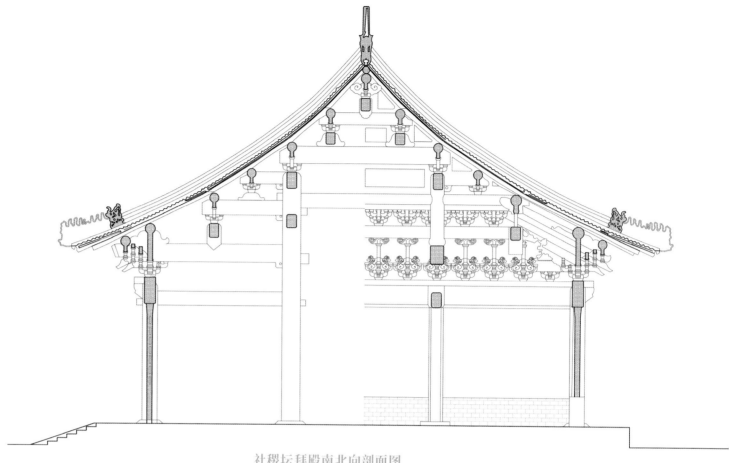

社稷坛拜殿南北向剖面图

　　主体建筑"社稷坛"祭坛是一座正方形的青白石高台，通高 0.96 米，上下分三层，边缘呈台阶状，下层体量最大，边长 17.85 米，中层、上层渐小，边长分别为 16.9 米、15.95 米。顶层铺"五色土"，青、白、红、黑、黄五种颜色的土分别代表东、西、南、北、中五个方位，象征国家疆域辽阔、土地丰饶。在古代，"五色土"从四面八方运至北京，定期更换，在当时寓意"普天之下，莫非王土"。

　　从空间排布上看，五种土分别对应五个方位，沿正方形台面的对角线斜切，划分出四个直角三角形区域，在四个三角形的直角汇聚处有一小正方形区域，对应"中"的方位。在社稷坛顶的正中，又有一矮石柱，即"社主石"，又称"江山石"，柱体为四方形，中心有尖顶。

　　社稷坛四面各有台阶，可拾级而上。坛四周建矮墙，称"垣"，墙顶分别覆青、白、红、黑四色琉璃瓦，亦对应四个方位，四面矮墙正中分别以白石砌棂星门。

习礼亭

习礼亭位于社稷坛南侧，是一座单檐六角攒尖顶亭，始建于1420年（明永乐十八年），初建时位置并不在此，而是在当时兵部街鸿胪寺衙门，并具有实用功能——是初次来京觐见的官员、使臣等学习"面圣"礼仪的地方，其名称也是根据这一使用功能而来，1915年4月习礼亭移建至此。

习礼亭的六角攒尖顶上覆明黄琉璃瓦，六脊汇聚处有顶珠，末端各有骑凤仙人、三个脊兽和垂兽。梁枋绘金龙方心旋子彩画，立面门窗漆为朱红色，正北侧有隔扇门，其余五面是槛窗。底部砌双层台基，南北两侧设有台阶。

正阳门

正阳门
Zhengyangmen Gate

位置：北京市东城区前门大街甲2号，天安门广场南侧
年代：始建于1419年（明永乐十七年）
规模：楼连台通高43.65米，城楼是一座重檐歇山顶三滴
水阁楼式建筑。箭楼是一座砖石建筑，通高约35.37米

明清时期的北京内城共有九座城门，分别是南面的三座：崇文门、正阳门、宣武门，北面的两座：德胜门、安定门，西面的两座：阜成门、西直门，东面的两座：朝阳门、东直门。正阳门则为当时内城的南正门，也被北京市民称为"前门""大前门"。

正阳门位于天安门广场南侧，北临毛主席纪念堂，往南则是今天的前门大街，直通外城南门永定门。

在元代，元大都的正南门位于当时的都城南垣正中，称为丽正门。明代营建都城时重建了南正门，其位置随都城南墙向南迁移了约1公里，当时仍称为丽正门。1436–1439年（明正统元年至正统四年）陆续修建了瓮城、箭楼以及东西闸楼等，形成了建筑群，城门更名为正阳门。

此后曾多次重建或修建，1915年修建时为了改善交通拆除了瓮城，后来东西两侧城墙等建筑也陆续被拆除，今天只保留了城楼和箭楼。

此后正阳门又曾有过多次大规模的修缮，今天它不仅是全国重点文物保护单位，更是富有历史温度的城市文化景观，还是展示城市历史、百姓参与文化活动的公共场所。

正阳门城楼

正阳门是明清北京内城的正南门，也被称为"前门""大前门"。正阳门城楼既满足当时军事防御的功能，又是人们出入内城的通道。

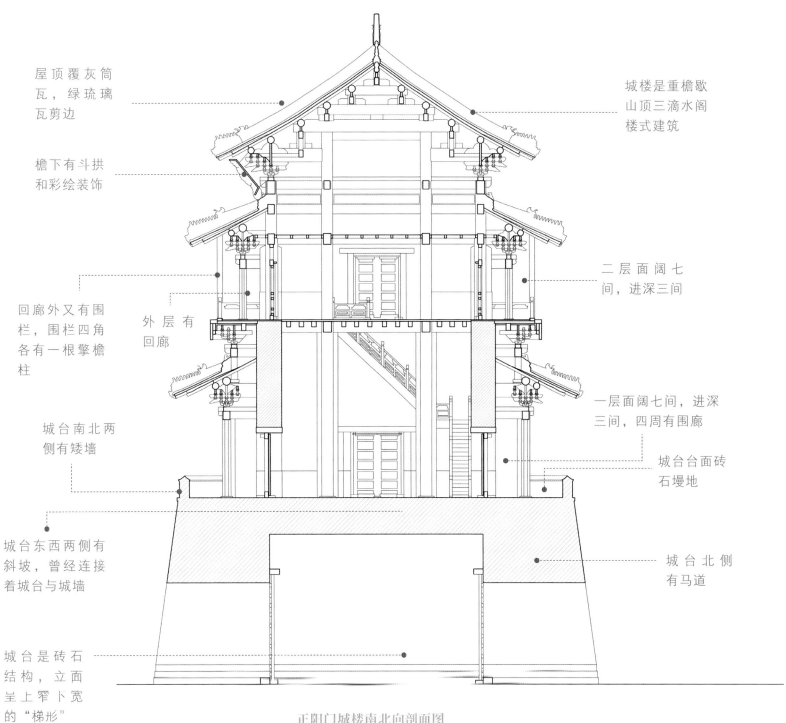

屋顶覆灰筒瓦，绿琉璃瓦剪边

城楼是重檐歇山顶三滴水阁楼式建筑

檐下有斗拱和彩绘装饰

二层面阔七间，进深三间

回廊外又有围栏，围栏四角各有一根擎檐柱

外层有回廊

一层面阔七间，进深三间，四周有围廊

城台南北两侧有矮墙

城台台面砖石墁地

城台东西两侧有斜坡，曾经连接着城台与城墙

城台北侧有马道

城台是砖石结构，立面呈上窄下宽的"梯形"

正阳门城楼南北向剖面图

五伏五券式

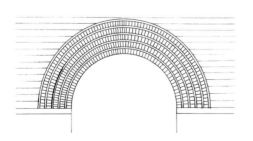

五伏五券是古代城门建筑中一种砖砌拱券的形式，"伏"和"券"指砖砌拱券门的排列方法，其中"伏"指卧铺（可理解为横铺）条砖，"券"则指立铺（即纵铺）条砖。"五伏五券"也就是卧铺和立铺各五层，交替排列，这种形制在明清时期主要用于大型城门，属于品级较高的建筑形制。

曾经正阳门建筑群除城楼、箭楼、瓮城外，还包括石桥、牌楼、庙宇等。当时所说的正阳门"四门三桥五牌楼"格局中，"四门"是指正阳门城楼、箭楼、瓮城东西两侧闸门各开的一座门洞；"三桥"实际上是一座大石桥，即当时的大正阳桥，只是因为桥面宽阔，由两道纵向的栏杆分割成三条道路而称为"三桥"，其中正中间的一条通道即是位于北京中轴线上的"御道"；"五牌楼"也是指一座牌楼，即正阳门箭楼南侧的跨街牌楼，因其规格是"六柱五间"而被称为"五牌楼"。今天的正阳门虽然只保留了城楼和箭楼，但已属北京市内保存较为完整的城门建筑，箭楼南侧的牌楼也得到了复建。

正阳门城楼通高 43.65 米（包括楼、台），其中城台是砖石结构，立面呈上窄下宽的"梯形"，南北侧正中有拱券式门洞，以五伏五券工艺搭造，形制颇高。城台顶面砖石墁地，南北两侧边缘有矮墙，北侧有马道可上下城台。东西两侧有斜坡，曾经连接着矮于城台的城墙。

城台之上即是城楼，这是一座重檐歇山顶三滴水阁楼式建筑。分解来看，上层的重檐歇山顶覆盖灰筒瓦绿琉璃瓦剪边，正脊两端的大吻、戗脊末端的九个脊兽均为绿色，檐下有斗拱和彩绘装饰。顶层檐下正中悬挂"正阳门"匾额。二层面阔七间，进深三间，南北两侧有菱花隔扇门窗，外层有回廊，回廊外侧又有围栏，围栏四角各有一根擎檐柱。一层屋檐亦为灰筒瓦绿剪边，面阔七间，进深三间，四面开门，四周有围廊。

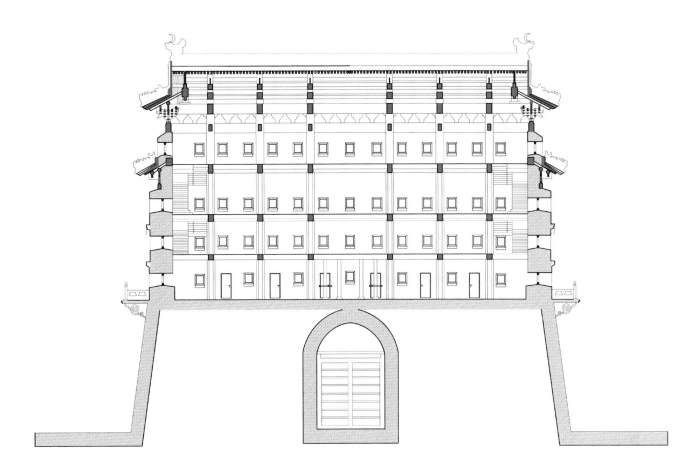

正阳门箭楼东西向剖面图

正阳门箭楼是一座砖石建筑，在古代主要起到军事防御的功能。砖砌城楼亦坐落在城台之上，城台高约 12 米，立面呈上窄下宽的"梯形"，南北侧正中以五伏五券式开有门洞。今天的台面四周还可见到一圈汉白玉栏杆，城台北侧对称设置有两条"之"字形的台阶，可由此登上箭楼。

城台之上是镂空式的砖石建筑，整体呈"前楼后厦"结构，即从南侧看去，是一座面阔七间的砖石堡垒式建筑；从北侧看去，在主体建筑之外又出抱厦，面阔五间。顶部是重檐歇山顶，覆灰筒瓦绿剪边，吻兽和脊兽为绿琉璃瓦材质。内部共有四层，在东、西、南三面设有九十四个箭窗，其中南侧箭窗共四层，每层十三个，东西两侧箭窗亦为四层，每层四个，另外抱厦东西两侧又各五个箭窗（抱厦两侧原本各有一个箭窗，1915 年改建时增至五个。这次改建还在每侧的第一、二层箭窗上增加了拱形窗檐）。

正阳门箭楼

是一座砖石建筑，在古代主要起到军事防御的功能。城台高约12米，门洞为五伏五券式，立面呈上窄下宽的"梯形"。

重檐歇山顶，覆灰筒瓦绿剪边，吻兽和脊兽亦为绿琉璃材质

城台高12米，立面呈上窄下宽的"梯形"

抱厦东西两侧各有五个箭窗

东西侧各有箭窗十六个，分四层排布，每层四个

台面四周有一圈汉白玉栏杆

镂空式砖石建筑

北侧出抱厦，面阔五间

城台北面对称设置有两条"之"字形台阶

门洞

天坛

天坛公园位于传统南中轴线东侧，正阳门东南、永定门东北，与先农坛隔北京中轴线左右对称。

天坛最初建成于1420年（明永乐十八年），当时天地合祀，称为"天地坛"，1530年（明嘉靖九年）实行天地分祀的制度，天坛仅作为祭天的场所，称为"天坛"。

明嘉靖年间曾对天坛进行过扩建，清代又进行修缮或扩建，还曾经焚毁重建。1918年后陆续对外开放，建筑也有序修复。天坛总面积273万平方米，四周环筑坛墙两道，把全坛分为内坛、外坛两部分，主要建筑集中于内坛。内坛以墙分为南北两部分，北为祈谷坛，南为圜丘坛。

天坛

Temple of Heaven

位置：北京市正阳门东南侧
年代：建成于1420年（明永乐十八年）
规模：总面积约273万平方米

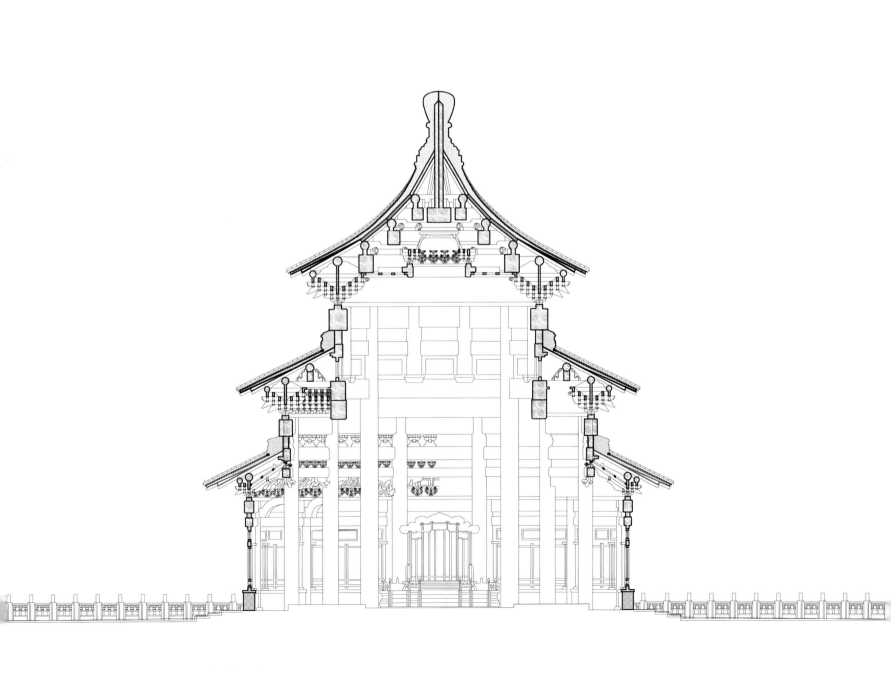

从总体上看，天坛建筑主要有圜丘、皇穹宇、祈谷坛、斋宫、神乐署等。从今天天坛公园的南门进入，首先见到的即为位于公园南部的圜丘建筑群。最南侧的是圜丘，在古代是举办祀天大典的地方。它是一座三层圆台，台面铺艾叶青石，逐层汉白玉栏杆环绕，顶层台面正中有"天心石"，四周环绕九圈青石板，第一圈数量为九块，逐层递增，直至第九圈由八十一块石板铺成。圜丘外部有两层围墙，内层为圆形，外层为方形，两层围墙的东南西北四面均设有汉白玉"棂星门"，每组由三座门构成，内外墙共二十四座门。圜丘西南有一座通高三十余米的望灯，在大典时悬挂。

再往北是皇穹宇，古代是供奉祀天大典所供神位的地方，是一座圆形单檐攒尖顶木构大殿，整体坐落在圆形须弥座上，屋顶蓝瓦和金顶交相辉映、辉煌庄重，殿内有精美绝伦的藻井装饰。大殿和东西配殿被圆形围墙环绕，围墙有回音的效果，称"回音壁"。

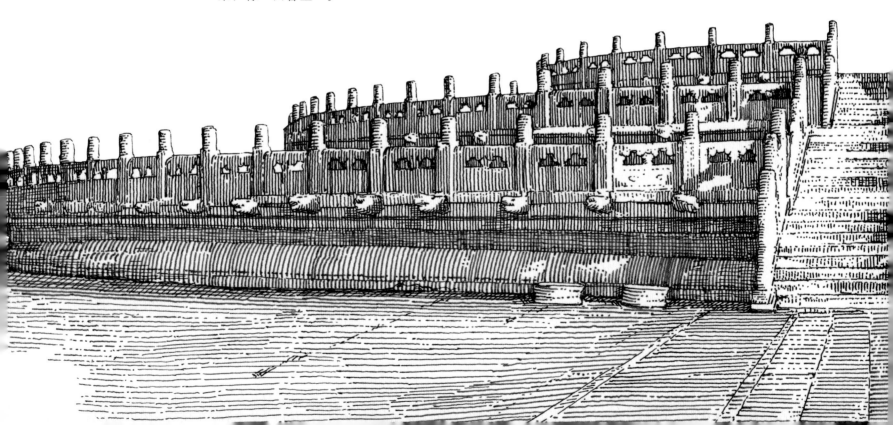

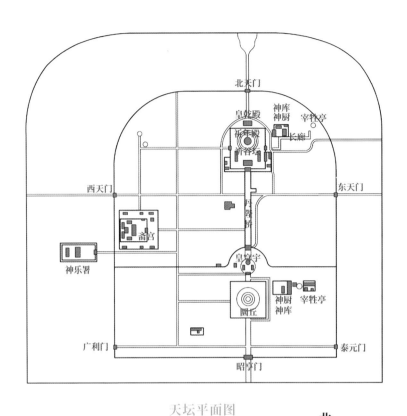

天坛平面图

北

继续前行，就可见到位于公园北部的祈谷坛建筑群。主体建筑是一座坛殿结合的建筑，上部分是祈年殿建筑，下部分是祈谷坛。其北侧是皇乾殿。大典时用的神位平时就是在皇乾殿供奉，它是一座庑殿顶木构建筑，屋顶铺蓝色琉璃瓦。祈年殿东侧建有长廊，连接着神厨、神库、宰牲亭等建筑。值得注意的是，圜丘坛和祈谷坛之间由一条长 360 米的丹陛桥连接，桥宽 30 米，之所以称为"桥"，是因为这座"高台"下有东西通行的甬道。

斋宫建筑群位于公园西部，包括无梁殿、铜人亭、寝殿、钟楼等建筑，均为绿色琉璃瓦顶，在古代是皇帝祭祀前斋戒的场所。

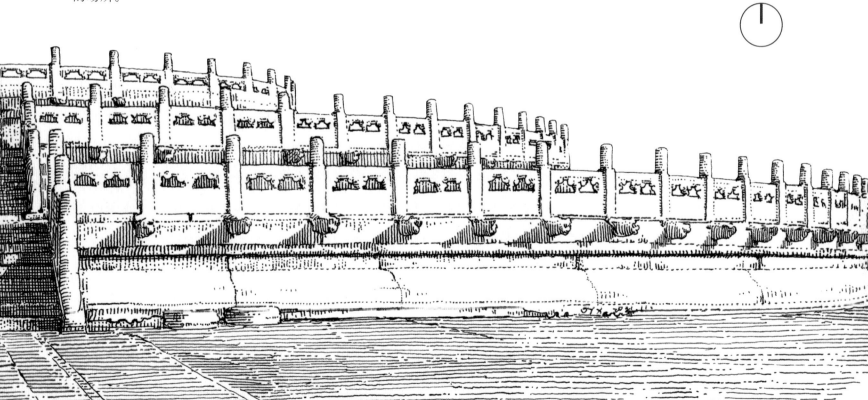

皇穹宇

皇穹宇殿高 19.5 米，直径 15.6 米，圆形攒尖顶木构建筑，上覆蓝瓦金顶，精巧而庄重。殿内天花有华丽的金龙藻井，中心为大金团龙图案。

值得注意的是皇穹宇内部华丽精致的藻井，中心是大金团龙图案，周围黄、绿、蓝色为主的天花装饰以金龙为中心向外散开，堪称古建筑装饰的瑰宝。

顶部有大金顶

皇穹宇始建于 1530 年（明嘉靖九年），当时是天坛圜丘坛天库正殿，名为"泰神殿"，是一座重檐建筑。1538 年（明嘉靖十七年）改名为"皇穹宇"，1752 年（清乾隆十七年）改建为单檐攒尖顶建筑。

圆形攒尖顶木构大殿，屋顶覆蓝色琉璃瓦

建筑坐落在圆形须弥座上

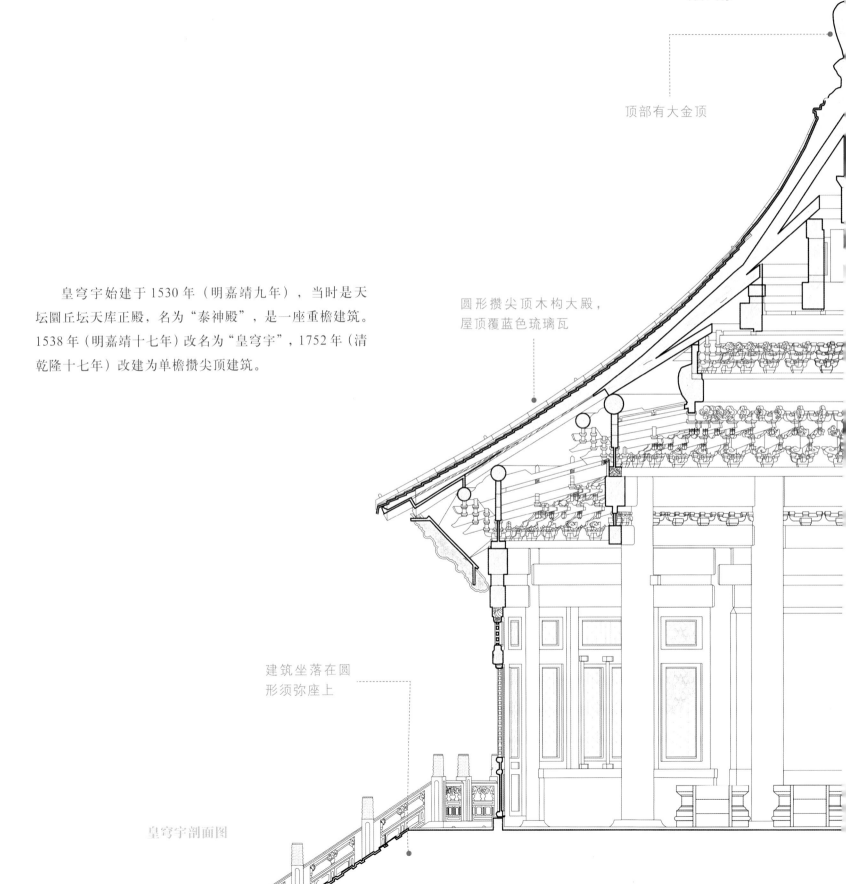

皇穹宇剖面图

祈年殿

祈年殿是天坛祈谷坛建筑群中的一座三重檐攒尖顶圆形建筑，也是天坛公园里的标志性建筑之一，在明代初建时曾是天地合祀的场所，后是皇帝祈谷的地方。大殿位于祈年门的北侧、皇乾殿的南侧。在1420年（明永乐十八年）初建时名为"大祀殿"，是一座平面长方形大殿，1545年（明嘉靖二十四年）改建为圆形大殿，名称改为"大享殿"，1751年（清乾隆十六年）更名为"祈年殿"。

祈年殿整体建造在三层圆形石台上，每一层外沿围以白色雕刻石围栏，即"祈谷坛"。每层台面均四面出阶，其中南北两侧各出三阶，东西两侧各出一阶。祈年殿三重圆攒尖顶上铺蓝色琉璃瓦，顶部有鎏金大宝顶。庞大的屋顶结构由柱、枋支撑，楠木大柱在圆形室内环绕排布。其中最上层屋檐由中心四根大柱支撑，寓意四季；中间层屋檐由第二圈十二根大柱支撑，寓意十二个月；下层屋檐又由最外层十二根大柱承重，寓意十二个时辰。值得注意的是殿内有精致的龙凤藻井和龙凤和玺彩画，地面宝座上曾摆放牌位，内外造型庄重恢宏而不失神秘。

建筑底部的三层圆形石台即为"祈谷坛"

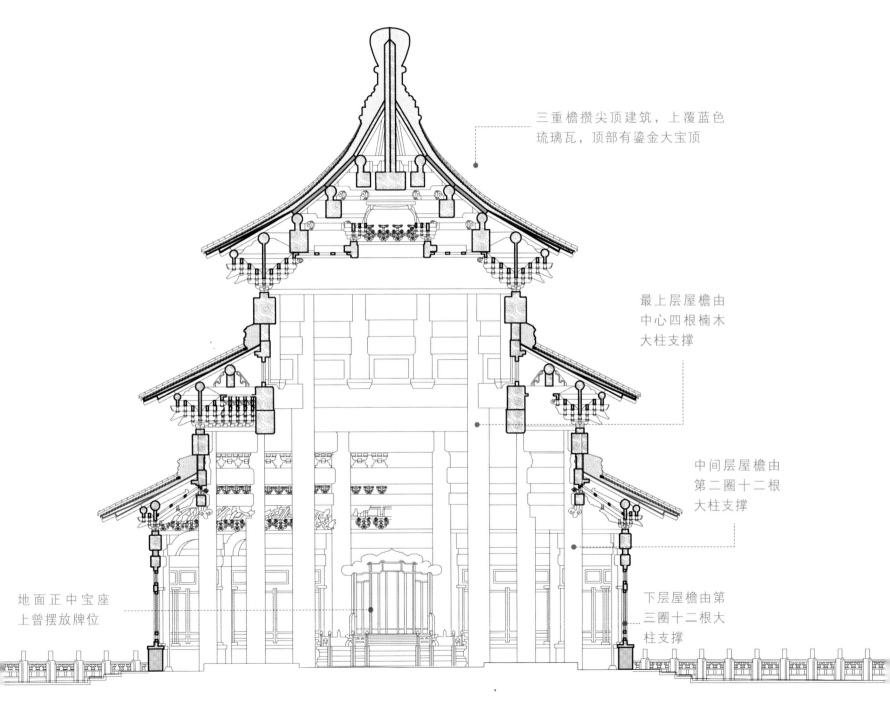

三重檐攒尖顶建筑，上覆蓝色
琉璃瓦，顶部有鎏金大宝顶

最上层屋檐由
中心四根楠木
大柱支撑

中间层屋檐由
第二圈十二根
大柱支撑

地面正中宝座
上曾摆放牌位

下层屋檐由第
三圈十二根大
柱支撑

天坛祈年殿剖面图

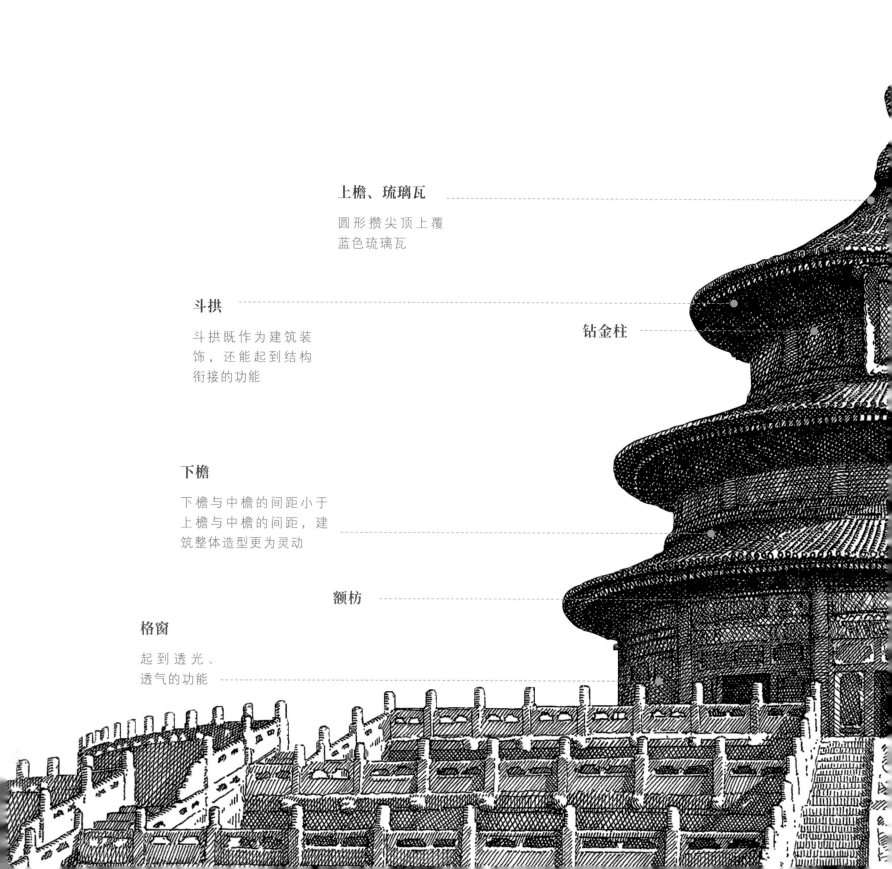

上檐、琉璃瓦

圆形攒尖顶上覆
蓝色琉璃瓦

斗拱

斗拱既作为建筑装
饰，还能起到结构
衔接的功能

钻金柱

下檐

下檐与中檐的间距小于
上檐与中檐的间距，建
筑整体造型更为灵动

额枋

格窗

起到透光、
透气的功能

祈年殿

祈年殿明代初建时曾是天地合祀的场所，后成为
皇帝祈谷的地方。其按照"敬天礼神"的思想，
采用的是上殿下坛的构造形式。其中殿为圆形，
象征天圆；瓦为蓝色，象征蓝天。

鎏金宝顶

匾额

中檐

梁枋上绘制着以蓝、绿
色和金色为主色调的彩
画

金柱

檐柱

十二根外檐圆柱，象征
一天十二个时辰

汉白玉台基

三重汉白玉台基，即为
"祈谷坛"

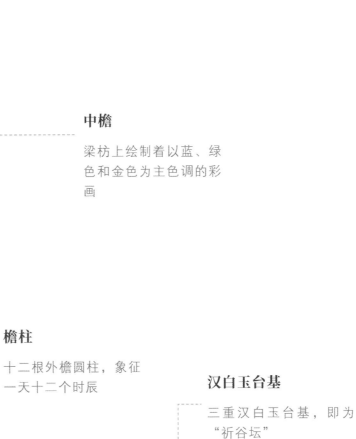

先农坛

先农坛
Altar of the God of Agriculture

位置：北京市正阳门西南侧
年代：始建于1420年（明永乐十八年）
规模：是现存规模最大的中国古代皇家祭
祀神农场所

先农坛位于北京中轴线西侧，在正阳门西南、永定门西北，与天坛隔北京中轴线左右对称。

"坛于田，以祀先农"，祭祀先农曾是封建社会的一种礼制，明清时期皇帝会在先农坛祭祀先农神，举办亲耕礼。今天这里的建筑遗存已不具当年的功能属性，成为文物保护单位，借由其历史文化价值面向公众开放。

先农坛最初建成于 1420 年（明永乐十八年），当时名为"山川坛"，明嘉靖年间改建并改名为"神祇坛"，明万历年间曾进行扩建，更名为"先农坛"。1753—1754年（清乾隆十八年至十九年）曾对先农坛进行大规模的修整改造，形成现今可见的格局。

从功能上看，先农坛在明清时是重要的皇家祭祀场所，现在是我国重要的皇家坛庙建筑遗存，是市民和游客感受祭祀文化、农耕文化以及古代建筑艺术的场所之一。

北

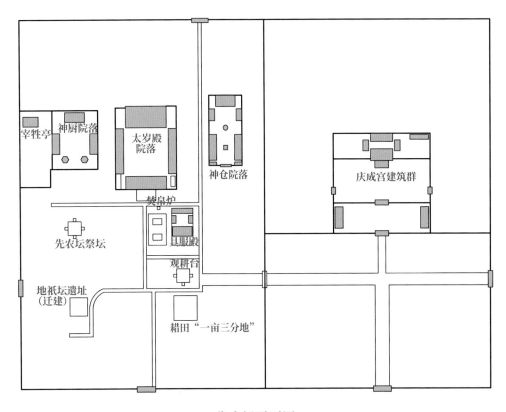

宰牲亭

神厨院落

太岁殿院落

神仓院落

庆成宫建筑群

燔柴炉

先农坛祭坛

具服殿

观耕台

地祇坛遗址（迁建）

耤田"一亩三分地"

先农坛平面图

　　从规模上看，先农坛不及天坛，曾经也是由两层坛墙包围，大部分建筑都位于内坛墙中。主体是太岁殿院落，占地8988.8平方米。院落北部是黑瓦绿剪边歇山顶的太岁殿，它也是先农坛中体量最大的一座建筑，古代是祭祀自然神的地方。

　　太岁殿院落西侧是神厨院落，坐北朝南，北部主体建筑是神厨，为存放先农神牌位、准备祭品的地方。神厨院落西侧是宰牲亭，这是一座罕见的重檐悬山顶建筑，古代是为祭祀宰杀牲畜的地方。

　　神厨院落南侧是先农坛，是一座方形砖石结构高台，四边长15米有余，台高1.5米，四面出青石台阶，明清时期是祭拜先农的场所。太岁殿东侧是神仓院落，古代是存放皇帝亲耕所获粮食的地方。太岁殿东南是具服殿，古代是皇帝进行祭祀活动前更衣的地方。具服殿南侧是观耕台，台南是亲耕时的耤田。神仓东侧是庆成宫建筑群，明代初建时为斋宫，清代也曾用作帝王休憩、犒劳官员随从的地方。原观耕台南侧还有天神坛、地祇坛。

观耕台

观耕台位于具服殿南侧，台南还有供亲耕的"一亩三分地"。当时举行亲耕仪式时，皇帝先在具服殿更衣，而后进行亲耕，再行至观耕台上观看大臣耕种。

观耕台在明代初建时是一座木制高台，清代乾隆年间大规模修缮先农坛时，改为砖石结构。台高 1.9 米，平面为边长 16.06 米的正方形。台基下半部分是黄绿色琉璃瓦须弥座，整体是上下宽、中间窄的"束腰"形，台面方砖细墁，四周围有汉白玉石栏，望柱雕刻云龙纹。观耕台南、东、西三面出台阶，台阶以汉白玉栏杆为扶手，两侧三角形区域亦为黄绿相间琉璃贴面装饰。

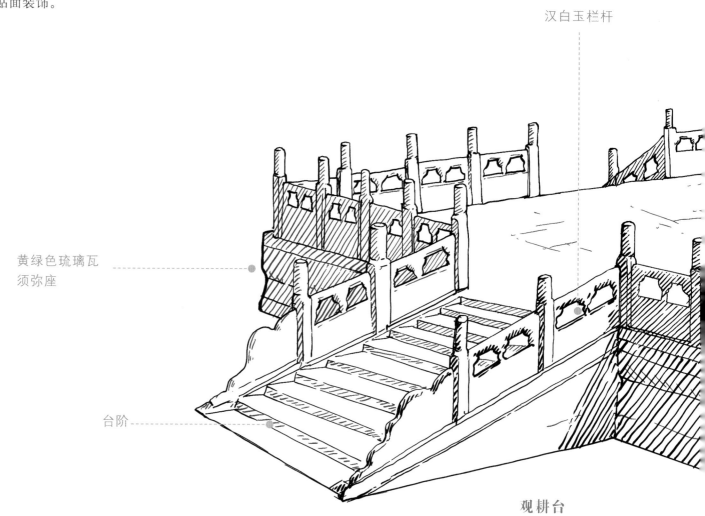

汉白玉栏杆

黄绿色琉璃瓦
须弥座

台阶

观耕台

细墁

细墁是一种铺砖的工艺，经过特殊加工的地砖平整地铺在地面上，在古建筑中一般用于室内地面，只有形制较高的建筑才会在室外大面积使用细墁工艺。这种工艺首先对砖材料有较高要求，必须经过精细打磨，才能保证铺出来的地面整齐、美观、坚固、防水、耐用。另外铺砖的过程复杂，包括地面垫层、抄平等，先试摆砖材，确定好位置后再正式铺砖固定，然后还要进行浇浆、上缝等工序，最后进行仔细的打磨、钻生（为地面涂上厚厚的桐油，增加光泽度和使用寿命）。

"细墁"中更讲究的还有"金砖墁地"。这里的金砖并不是说金子做成的砖材，而是加工的工艺更加复杂，砖材更加细腻规整，质地也更坚硬。由于砖材制作的成本极高，堪比黄金，称为"金砖"。相对于"细墁"还有"粗墁"，使用普通地砖铺墁，砖缝较大，地面平整度也不及细墁工艺。

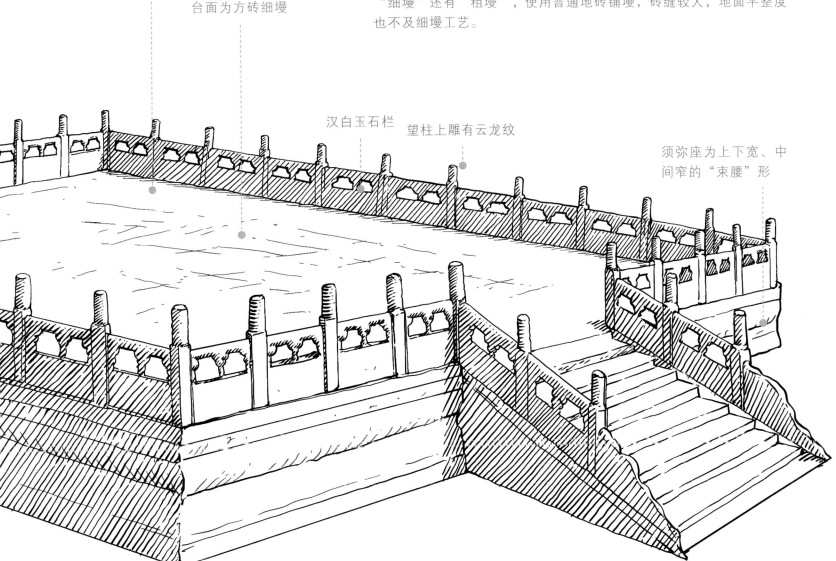

台高1.9米，平面呈正方形，每边长16.06米

台面为方砖细墁

汉白玉石栏

望柱上雕有云龙纹

须弥座为上下宽、中间窄的"束腰"形

须弥座

须弥座最早见于宗教石窟之中，后用于建筑，成为建筑台基的一种装饰形式，在古代也是建筑地位和主人权力的象征。宋《营造法式》中有载具体做法，元代有演变，至清代建造方式基本定型。须弥座一般为石制，自上而下分别为上枋、皮条线、上枭、皮条线、束腰、皮条线、下枭、皮条线、下枋、圭脚等组成部分。先农坛观耕台侧面以黄绿色琉璃瓦装饰，中间细处有浅浮雕如意宝珠和花卉纹样，上下对称分布莲花瓣卷草纹，再外层有黄绿色行龙纹样，底部是黄绿相间琉璃贴面。

神仓

　　神仓院落在古代曾是储存耤田所获粮食的地方，这些粮食在这里完成"身份"的转变——从收获的谷物变为皇家祭品。该院落主体建筑即被誉为"天下第一仓"的神仓，圆形攒尖顶建筑，蓝色琉璃瓦绿剪边，整体坐落于台基之上。与北京城中古代建筑常见的建筑彩画颜色搭配不同，神仓的檐枋彩画颜色以黄色为主，装饰白、绿等颜色，这是为了防止内部储存的粮食腐坏，采用了可驱虫的雄黄玉彩画，另开设气窗以通风防霉。

永定门

永定门

Yongdingmen Gate

位置：北京市东城区永定桥北
年代:始建于1553年(明嘉靖三十二年)
规模：城楼连城台通高约26米，东西长31.4米，南北
深16.96米

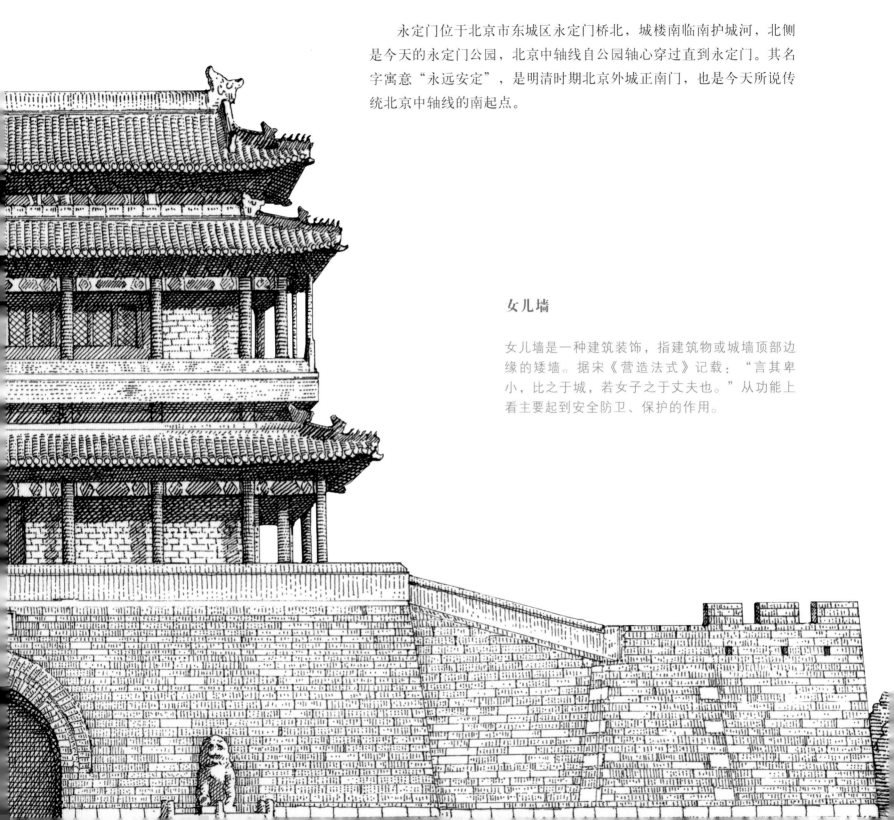

永定门位于北京市东城区永定门桥北，城楼南临南护城河，北侧是今天的永定门公园，北京中轴线自公园轴心穿过直到永定门。其名字寓意"永远安定"，是明清时期北京外城正南门，也是今天所说传统北京中轴线的南起点。

女儿墙

女儿墙是一种建筑装饰，指建筑物或城墙顶部边缘的矮墙。据宋《营造法式》记载："言其卑小，比之于城，若女子之于丈夫也。"从功能上看主要起到安全防卫、保护的作用。

永定门始建于1553年（明嘉靖三十二年），主要为了军事防御而修建。1564年（明嘉靖四十三年）、1750年（清乾隆十五年）分别增建瓮城和箭楼。

20世纪50年代城墙、城楼、箭楼被相继拆除，直到2004年才原址、原貌重建城楼建筑，今天见到的永定门城楼即类似清代乾隆年间的样貌。复建时主要的砖石材料也使用了当年拆除永定门后留存的石材，就连城台上的石匾也有着浓重的历史渊源——依照明代永定门石匾原样仿制。

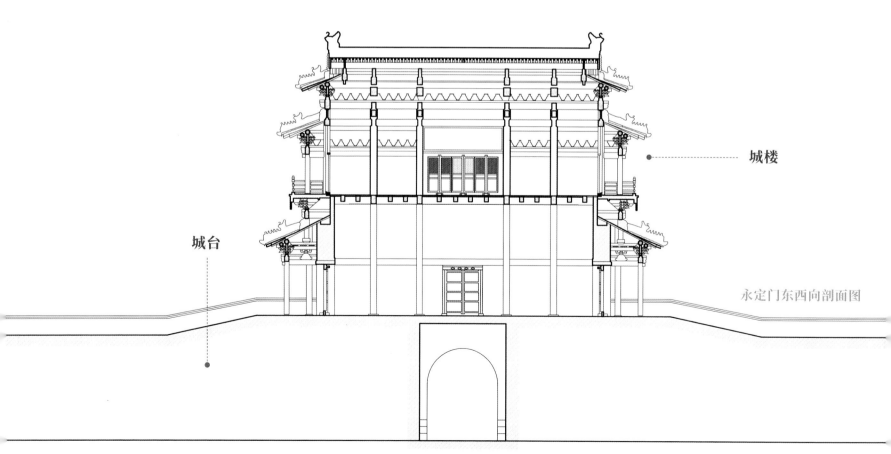

城楼

城台

永定门东西向剖面图

在清代，"永定门"不止有城楼，还包括箭楼和瓮城等建筑，当时城楼位于建筑群的最北侧，由城门向东西延伸出宽阔的城墙。箭楼位于城楼南侧，坐落于箭台南侧正中，是一座防御性建筑，单檐歇山顶，以灰色筒子瓦覆盖，北面开有木板门，南面有 14 个箭窗，上下两层各 7 个；东、西两面各 6 个箭窗，也分两层分布。

城楼和箭楼之间是近似方形的瓮城，由城墙围合而成，南侧为圆角，北侧呈直角与城墙重叠，顶部内外侧有矮墙。北侧城台正中、南侧箭台正中分别开设有拱顶门洞，当时箭楼南侧还有石桥横跨于护城河上，形成南中轴上贯通的交通路线。

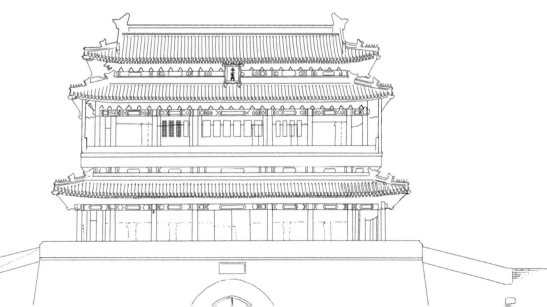

永定门城楼是一座重檐歇山顶三滴水阁楼式建筑，第一层面阔七间、进深三间，其中最外面一圈是环廊，南北两侧墙体内各6根金柱，纵向贯穿城楼建筑。一层四面各有一扇木门，楼内东北角有双跑木楼梯通往二层。第二层外周由檐柱围成环廊，外侧又有木围栏，围栏四角各一根擎檐柱，支撑出挑的屋檐。二层南北两侧正中各开六扇门，南侧两次间各有窗四扇，东西两侧各一扇木门。顶部是重檐歇山顶，覆盖灰色筒子瓦，正脊两侧有吻兽，戗脊末端各5个脊兽，檐下有斗拱和旋子彩画，顶部南侧檐下正中悬挂"永定门"牌匾。

城台部分是砖石结构，北侧与城墙齐平，南侧凸出。正中开设有门洞，花岗石板铺就地面，门洞内有木门。南侧洞口上方悬挂"永定门"石匾，是仿照明代初建时的永定门石匾制造的。永定门城台高出两侧城墙，二者中间以斜坡连接。

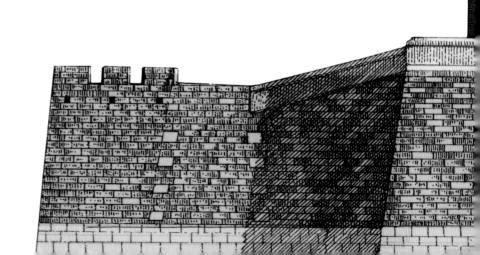

今天永定门城楼两侧的城墙已经不在，取
而代之的是车水马龙的城市景象。市民漫步在
永定门公园中时，可以沿着开阔的北京中轴线
御道漫步，远观高挑的永定门，遐想古今北京
中轴线的时光流转。

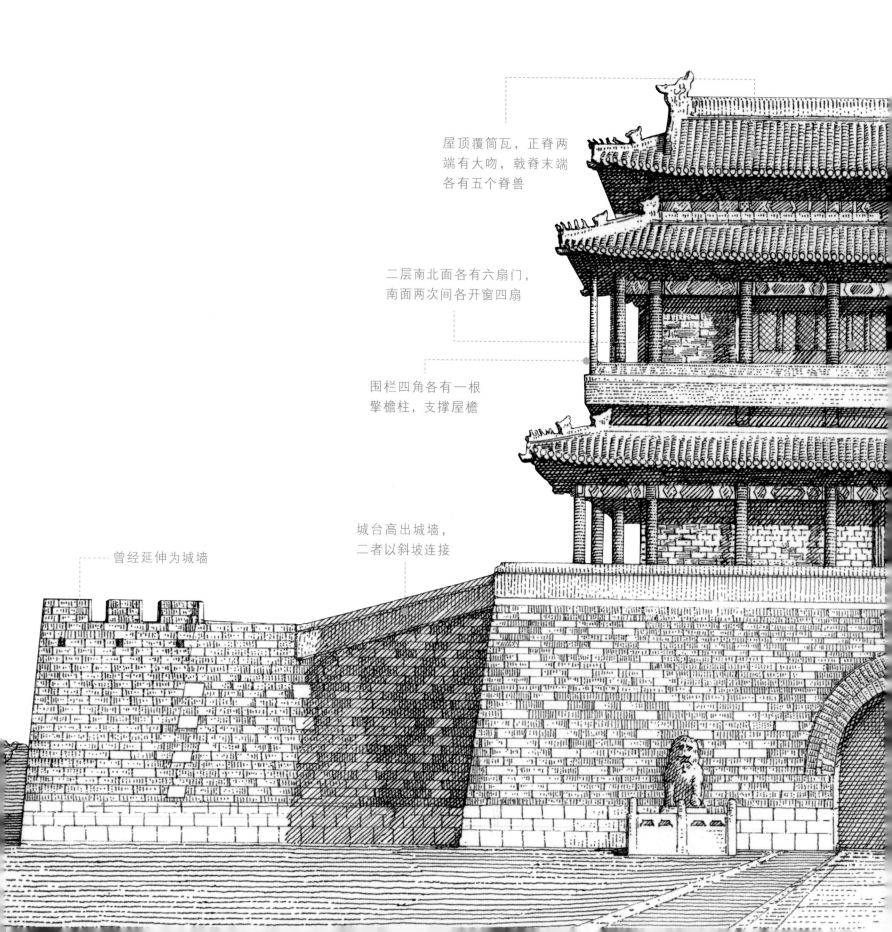

屋顶覆筒瓦，正脊两
端有大吻，戗脊末端
各有五个脊兽

二层南北面各有六扇门，
南面两次间各开窗四扇

围栏四角各有一根
擎檐柱，支撑屋檐

城台高出城墙，
二者以斜坡连接

曾经延伸为城墙

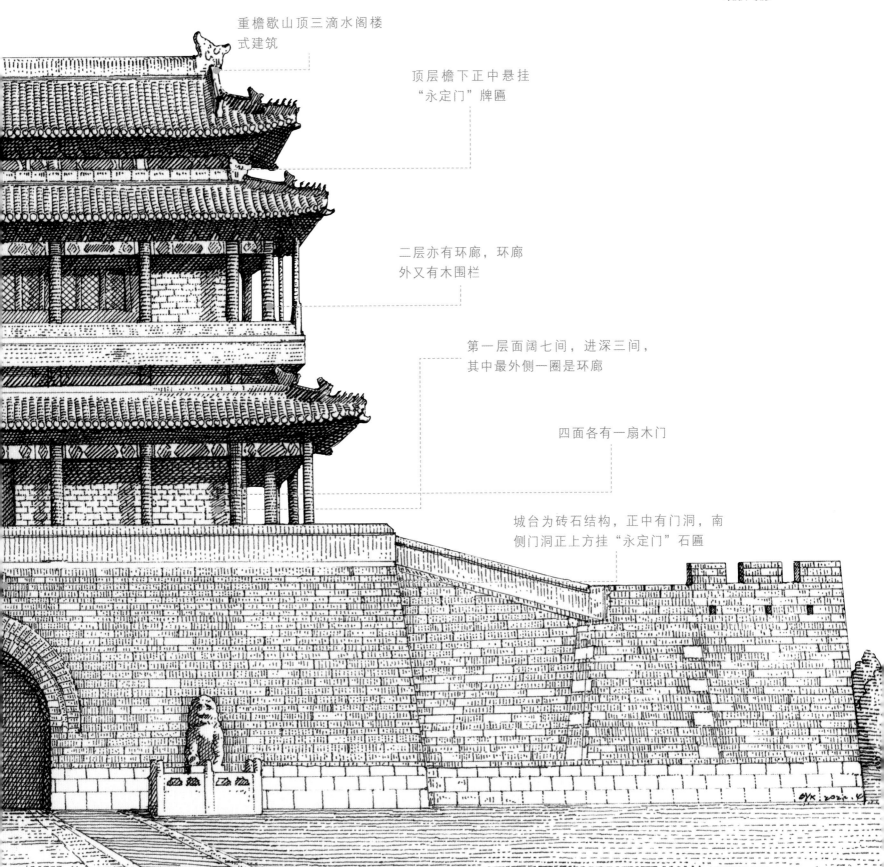

重檐歇山顶三滴水阁楼式建筑

顶层檐下正中悬挂"永定门"牌匾

二层亦有环廊，环廊外又有木围栏

第一层面阔七间，进深三间，其中最外侧一圈是环廊

四面各有一扇木门

城台为砖石结构，正中有门洞，南侧门洞正上方挂"永定门"石匾

这里我们介绍的传统北中轴，是指北京中轴线上故宫以北，从景山公园到钟楼的部分。按照"面朝后市"的营建原则，这一段北京中轴线上的建筑与明清时期的都城生活紧密相关，有可以俯瞰都城的景山公园，也有明清北京城的交通要道万宁桥，还有当时的功能建筑钟鼓楼。

从故宫出发，沿传统北京中轴线北行，首先会穿过亭台云集的景山公园，蜿蜒起伏的五峰山上分布着五方亭，曾经是可以一览京城的建筑制高点。古运河上的遗迹万宁桥，如同盘伏在古今都城商业和生活空间中的古龙，宁静守望着大运河的历史和城市的变迁。再往北则是已深深融入居民生活的钟鼓楼，它们不仅在空间位置上与北京中轴线的历史渊源颇深，作为一种报时建筑也是明清时期皇权的彰显。此外，当时的百姓们听着钟鸣鼓点起居作息，这两座建筑一直以来都与都城生活的节奏韵律息息相关。

传统北中轴

景山

沿着北京中轴线从神武门走出故宫博物院，映入眼帘的即是景山公园，北京中轴线穿景山而过，继续向北延伸。景山公园位于北京市西城区，西临北海，南与故宫神武门隔街相望，是明清时的皇家御苑，也曾是全城建筑的制高点。

景山并不是天然形成的山峰，而是约 12 世纪（金代）挖掘北海（时称"西华潭"）时，将挖出来的泥土堆积至此而成。明代在此基础上又有填造，形成后来的"五峰"造型，由"青山"改称"万岁山"，清代改称"景山"，1750 年（清乾隆十五年）在五峰顶修建五方亭。今天的游客自景山东路登山游览，自东向西依次可见到周赏亭、观妙亭、万春亭、辑芳亭、富览亭。山前建筑为绮望楼，古代曾是皇帝宴请外来宾客的地方。山后是寿皇殿建筑群。

景山
Jingshan Hill
位置：北京故宫博物院北侧
年代：形成于辽金时期，主要建筑建成于清代乾隆年间
规模：占地面积23万平方米

　　周赏亭、富览亭：重檐圆形攒尖顶亭，高 11.75 米，顶部中间覆蓝色琉璃瓦，并带有紫色剪边，檐下有彩绘、红漆柱 8 根。

　　观妙亭、辑芳亭：重檐八角攒尖顶亭，高 12.05 米，亭顶中间覆绿色琉璃瓦，并带有黄色剪边，檐下有彩绘、红漆柱八根。

　　万春亭：三重檐四角攒尖顶亭，亭顶覆明黄琉璃瓦，并带有绿色剪边，中心有明黄琉璃宝珠。五方亭中万春亭体量最大，高 15.38 米，位于景山最高点，在此可俯瞰传统北京中轴线。

万春亭

　　万春亭是景山五方亭中规模最大者，是一座三重檐四角攒尖顶亭，平面呈正方形。屋顶琉璃瓦由两种颜色拼成，中间是明黄色琉璃瓦，顶部宝珠亦为明黄色。此处颜色和故宫大多数建筑一样，但与之不同的是，边缘装饰绿色琉璃瓦剪边，包括脊兽也为绿色琉璃制成。这种颜色搭配显示了万春亭和故宫里那些更高的建筑形制之间的差异。

回廊外围以黄绿色琉璃瓦交叠拼搭的矮墙，颜色与屋顶相呼应

万春亭是三重檐四角攒尖顶亭，是"五方亭"中体量最大者

顶部覆明黄琉璃瓦，并带有绿色剪边，顶部中心有明黄琉璃宝珠

外部是三十二根红柱分两层布局，形成一圈外围回廊

脊兽为绿色琉璃瓦烧制

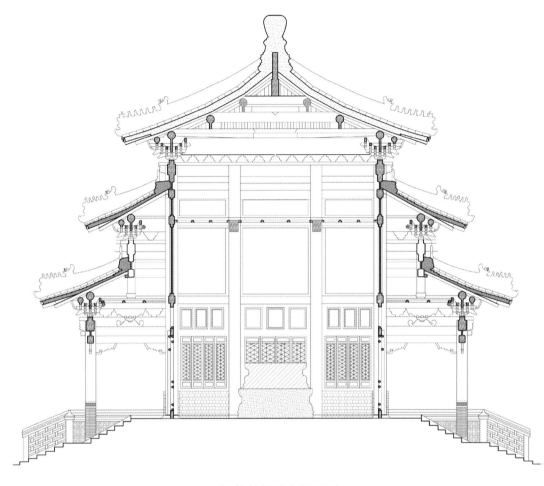

万春亭东西向剖面图

万春亭位于景山"王峰"最高
点，明清时在此可以俯瞰北京
中轴线

　　万春亭每层檐下均有斗拱，装饰大点金龙锦方心旋子彩画。四面有
漆为红色的隔扇门窗，外部是三十二根红柱分两层布局，形成一圈外围
回廊，廊外又围以黄色、绿色琉璃瓦交叠拼搭的矮墙，与屋顶色彩相呼应。
黄、绿琉璃瓦的流光溢彩，配以蓝、绿色为主色调的额枋彩画和沉稳的
红柱，在蓝天白云和山顶植被衬托下形成了一道独特的风景。

　　如今万春亭南侧廊下已成为市民和游客们俯瞰紫禁城的"观景台"，
北侧更是可以遥望钟楼、鼓楼，一睹传统北中轴的风采。

寿皇殿

寿皇殿建筑群曾是古代皇帝供奉先人牌位和举行祭祀典礼的地方，位于景山北侧，建筑总体沿北京中轴线呈东西对称分布。绕过景山北行，先映入眼帘的是三座牌楼，在东、西、南三个方向围合出寿皇殿入口的半开放式空间。牌楼北侧是红砖门，是寿皇殿建筑群的正门，实为一座红砖墙，中间开拱门三券，门前立一对石狮；东西两侧各开一砖门，上方同样装饰琉璃瓦顶。自拱门行入，正前方即是寿皇门，单檐庑殿顶建筑，坐落在汉白玉台基上，面阔五间，进深两间，南北各有三出台阶，东西两侧各开小门。

寿皇门前院落东西两侧分别是神库和神厨，在当时是制作和存放祭祀用品的地方；该进院落东北角和西北角分别有四角盝顶井亭。从寿皇门进入，正前方就是重檐庑殿顶建筑寿皇殿，它面阔九间，进深五间，屋顶覆黄色琉璃瓦，总体坐落于须弥座上，并围以汉白玉围栏，宽阔的月台上摆放着铜鹤、铜鹿、香炉等。在清代主要是供奉康熙至光绪历代帝后肖像的场所。

正殿东西两侧分别是衍庆殿、绵禧殿。殿前左右两侧各有一座重檐八角攒尖顶碑亭。殿前院落东西两侧分别有配殿，单檐歇山顶建筑。寿皇殿建筑群始建于明代，清代又多次修缮、移建和增建，形成今天面貌。它的规模虽然不如故宫建筑，但在当时作为皇家祭祀祖先的地方，仍显示出颇高的建筑品级地位。

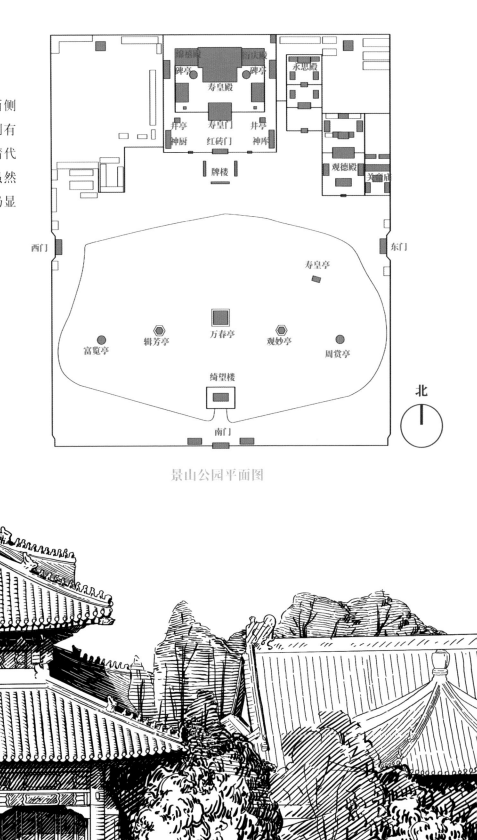

景山公园平面图

万宁桥

自景山公园向北，离开了"皇家"建筑群的恢宏华丽，传统北中轴线上静卧着一座南北走向的古桥，位于今天地安门外大街和玉河古道交叉点上，这里也是北京中轴线和大运河的交会点。桥西侧是什刹海，东侧有南锣鼓巷和玉河古道遗址。

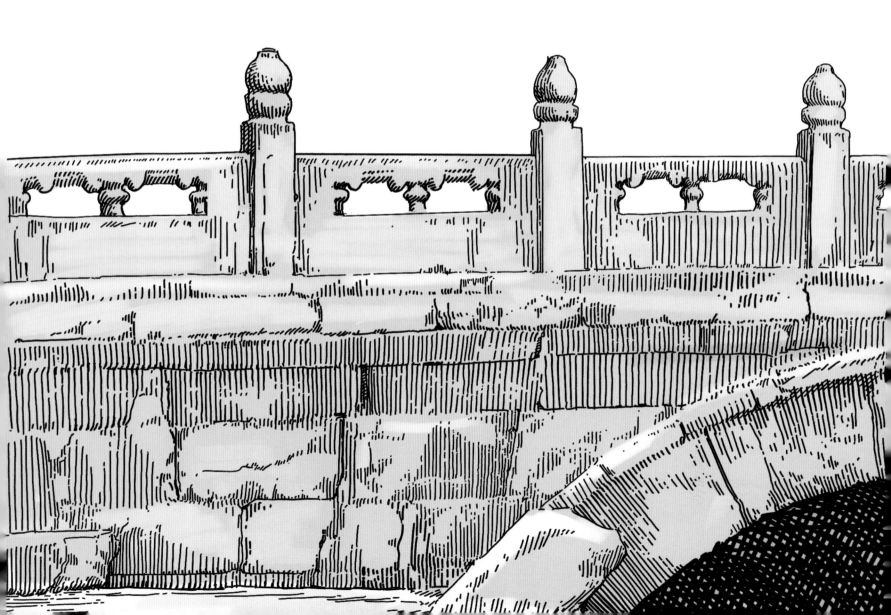

　　万宁桥不仅是现存北京运河古桥之一，也是今天北京中轴线上历史最悠久的建筑物之一，始建于元代至元年间，初建时是一座木构桥，今天所见的石拱桥形制为后来改建。实际上随着时光的变迁、运河的运输价值已逐渐被其他交通工具取代，万宁桥也逐渐沉寂在城市的喧哗中，世纪之交，北京市对万宁桥及其周边进行了修缮，形成了既具历史气息又与周围城市居民生活融为一体的古桥风貌。

万宁桥
Wanning Bridge

位置：北京市西城区地安门外大街
年代：始建于元代至元年间
规模：单孔石拱桥，长约34.6米，宽约17米

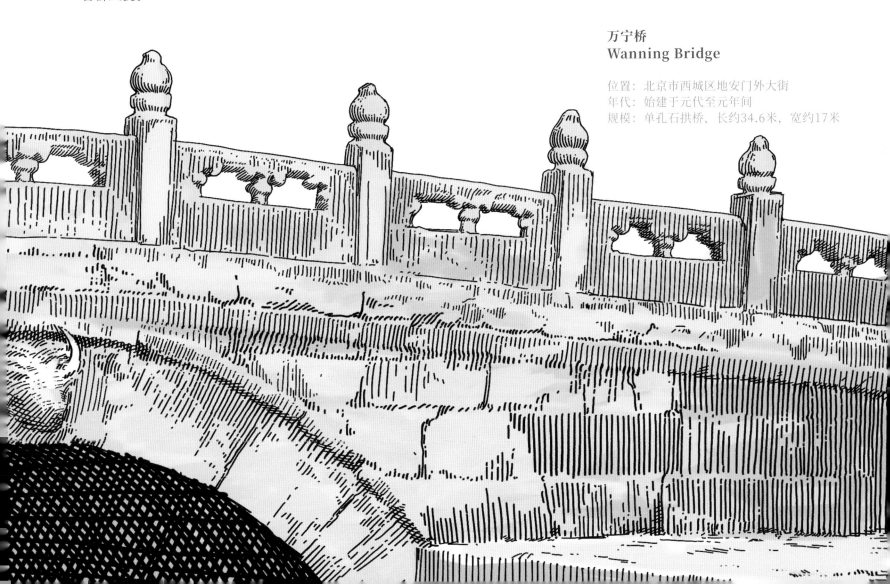

初建万宁桥时，由于地处京杭大运河北端的有利位置，西侧什刹海一带是当时城区里重要的漕运港口，因此万宁桥也有着重要的漕运功能。同时由于交通的便捷，周围商业发达，万宁桥处于东西水路和南北陆路的交会点，成为所在区域重要的地上交通道路。

　　后随着明代定都南京，北京城的经济地位发生改变，以往繁华的漕运路线逐渐衰落。直至明代都城迁回北京后，万宁桥才又焕发生机。

　　"水淹北京城，火烧潭柘寺"，这句古老俗语道出了万宁桥和北京城紧密连接的关系：传说桥下有一根石柱，柱子上刻有"北京"二字，有标记水位的功能，如果水位淹没了"北京"二字，则意味着城市有水灾的风险。无论是传说还是真实有之的功能，万宁桥都颇具浪漫色彩地与城市的历史和脉搏联系在一起，同时因其实用功能与古今北京居民、游客的生活交织重叠。

　　万宁桥是一座单孔石拱桥，南北走向，长约34.6米，宽约17米，石孔跨径约7.2米，石拱高约3.5米。从建筑结构上看，万宁桥没有桥墩，起稳定作用的是桥台。桥台位于拱桥两侧河岸边，连接着桥体和河岸，一方面增加桥的稳定性，另一方面分解桥体给两端河岸带来的压力。

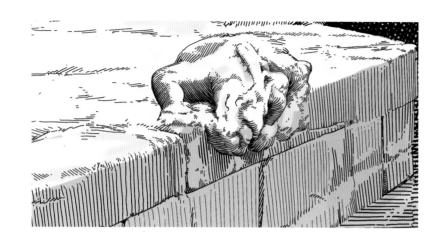

镇水兽

镇水兽是运河古桥上常见的装饰物，其功能主要有两种，其一颇具神话色彩，即表达驱患避灾的美好愿望，希望神兽可以帮助"镇住"水灾，保护桥梁和周围百姓生活的平安；其二则是其实用功能，即起到标示水位的作用。

北京万宁桥的镇水兽有六只，其中四只位于两侧驳岸上，造型为趴卧的趴蝮（又称蚣蝮，古代神话中龙王九子之一，善水）。西侧两只的腿和尾巴都向下伸出，位于同一水平线上，标示水位点。此外，西侧趴蝮斜下方有石雕"龙珠"，龙珠下另外还有两只镇水兽潜于水下。东侧河岸两侧的镇水兽俯卧于岸边，头部向下探出，仿佛在观察河水的情况。

　　从装饰上看，桥面铺石板，东西两侧有栏杆，每侧有十六根望柱，望柱间是石栏板，今天可以见到修补后的新石材与原本桥体石材交叉共构的样貌。虽然经过几百年的风雨洗礼，望柱上的许多雕刻纹样已经被风化模糊，但仍可以隐约识别古朴大气的线条。望柱柱头为圆润的桃形，纹样与故宫内金水桥一样，为"二十四节气望柱头"，下方有花瓣形底座，连接着四角柱身。

　　桥两端的望柱前各有一块桥端石，上部分呈圆形，似鼓，下部分是类底座式的结构，向上环抱"鼓"结构，因此也称为"抱鼓石"。抱鼓石起初是一种中国古代建筑结构，安装在建筑门口，起固定大门的作用，后来其实用功能减弱，逐渐演变成一种建筑装饰。

　　但万宁桥两端的抱鼓石除装饰桥体外，还是延伸出来的两对栏板，有一定的防护功能。大运河北京段古桥的主要作用是服务于漕运，其装饰虽不及江南古桥那样丰富多彩，但也有古朴苍劲的艺术美感。

万宁桥

传统北中轴上的一座古桥，今天北京中轴线上历史最悠久的建筑物之一。南北走向，位于北京中轴线和大运河的交会点上。

镇水兽是古桥上常见的装饰物，寓意"镇住"水灾，同时起到标示水位的作用

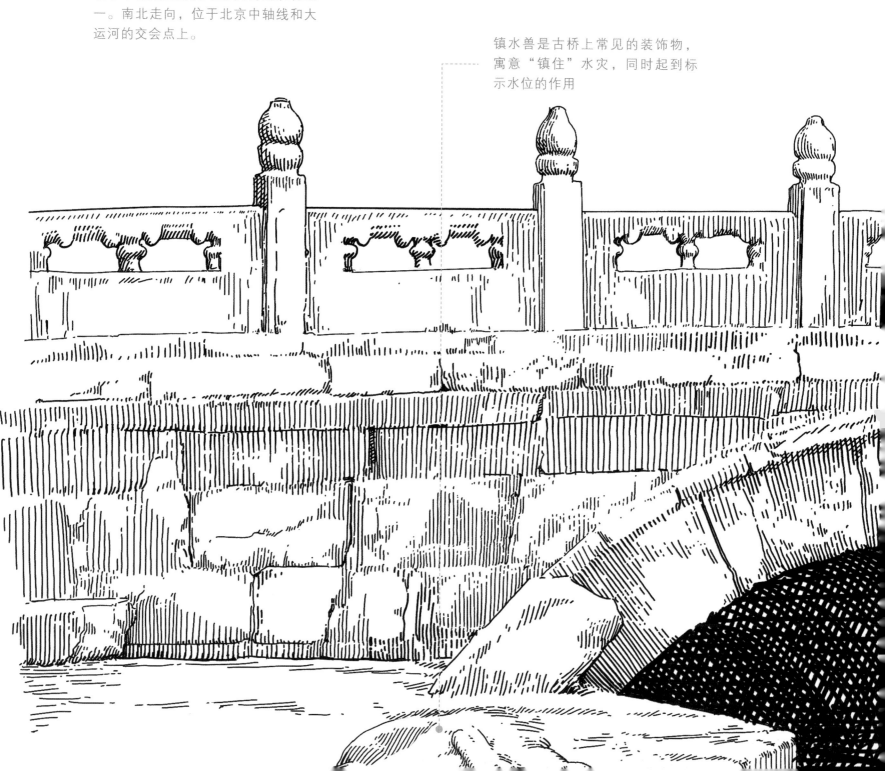

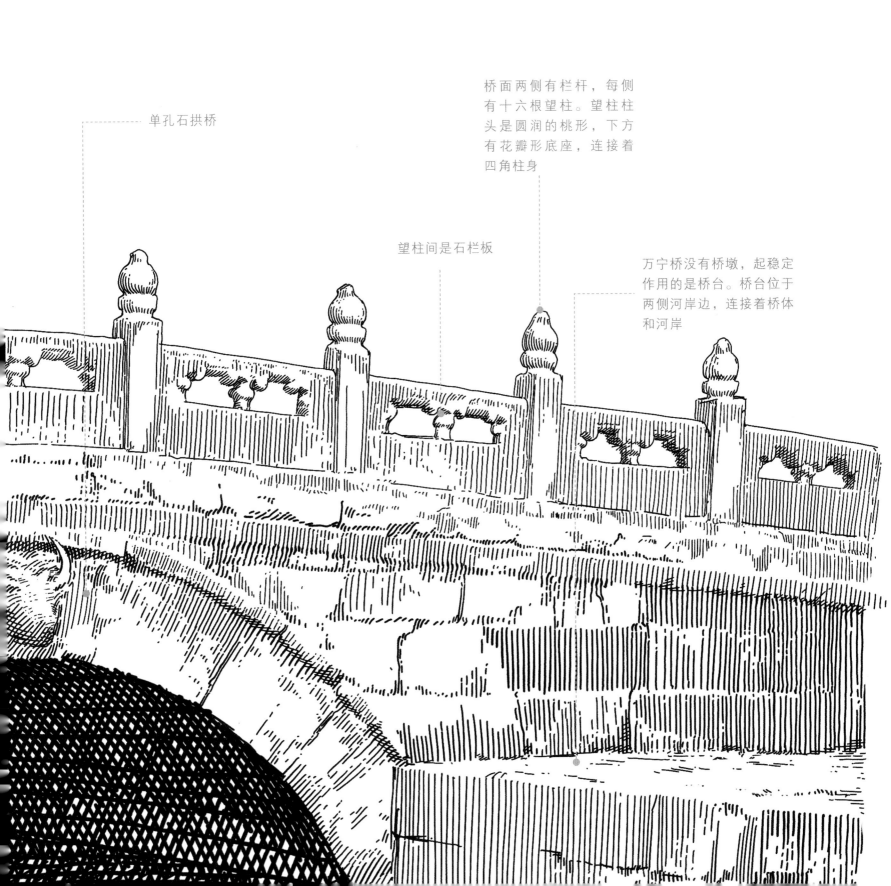

单孔石拱桥

桥面两侧有栏杆，每侧
有十六根望柱。望柱柱
头是圆润的桃形，下方
有花瓣形底座，连接着
四角柱身

望柱间是石栏板

万宁桥没有桥墩，起稳定
作用的是桥台。桥台位于
两侧河岸边，连接着桥体
和河岸

鼓楼

古代的计时装置远不如今天这般普及，时间的测量、计算与当时的天文观测密切相关，而这些技术和工具一般都掌握在统治者手中。

最早的报时装置更像是一种标识特定行为的"信号"，统治者设立统一的时间，方便统治、规范军民的行为。隋唐后以钟楼和鼓楼充当报时建筑，当时大多建在宫廷中，后逐渐从宫廷禁地到了都城，又推广至其他城市。值得注意的是最初作为报时建筑的钟鼓楼，空间位置多为东西对称而建，但元代北京城钟鼓楼的位置设计成了南北而立。

鼓楼
Drum Tower

位置：什刹海东北岸，万宁桥以北
年代：建于1420年（明永乐十八年）
规模：通高46.7米，坐北朝南，占地面积约7000平方米

鼓楼的位置与传统北京中轴线渊源颇深，今天的学者们在考证元大都初建时的选址、定位时，常以鼓楼为参照。关于其位置，《析津志》中有记载："齐政楼（鼓楼初建时名为"齐政楼"），都城之丽谯也。东，中心阁，大街东去即都府治所。南，海子桥、澄清闸。西，斜街过凤池坊。北，钟楼。"

　　相传忽必烈要迁都北京时，派谋士刘秉忠先行来此规划都城的位置和布局，他首先选定了"中心台"的位置作为都城的中心，其他布局规划均以此为参照。中心台建筑在今天已不得见，仅可以从文献记载中得知中心阁位于曾经的鼓楼东侧，而中心台与中心阁位置相近。有说中心台即今天的鼓楼位置，也有说中心台和中心阁均位于今天的鼓楼以东，但可以想见的是鼓楼的位置处于曾经的城市中心或附近，其选址与都城整体规划设计密切相关，并且从元代开始就在北京中轴线上凝视着城市的营建和城内生活的变迁。

　　今天的鼓楼位于北京中轴线北段，自万宁桥向北，沿地安门外大街经过两侧热闹的店铺，映入眼帘的路中建筑就是鼓楼。今天，鼓楼已然是什刹海一带的标志性建筑之一，当地居民的日常生活和外来游客的猎奇体验交织在一起，形成与后海水域景色、南锣鼓巷胡同风貌交相辉映的古建筑风景线。

鼓楼

明清时期城市的报时建筑，
地处曾经城市的中心附近

鼓楼始建于 1272 年（元至元九年），当时名为"齐政楼"。鼓楼在元明清三代曾多次毁于火灾，后又重修。有说元代钟楼、鼓楼并不在今天的位置，1420 年（明永乐十八年）重建时落在了今天北京中轴线上的位置，后多次重建或重修均未改变方位。1924 年曾改名为"明耻楼"，一年后叫回"齐政楼"，后又因作为教育馆、文化馆等实用建筑而有过不同名称，1957 年被列为北京市文物保护单位，名为"鼓楼"，直到 1984 年重新修缮，1987 年面向公众开放。

北京的鼓楼和钟楼在建造时是一种报时装置，当时并不是家家户户都有日晷、滴漏等"计时器"，老百姓如果想知道时间，很多时候需要通过鼓楼、钟楼等报时装置。当时的时间单位有"时""更"，一个时辰是今天的两小时，"更"则是对应晚间时辰的一种说法，戌时（晚上 7 点至 9 点）是一更，此后每一个时辰为一更，直至寅时（早上 3 点至 5 点）为五更。

那么鼓楼和钟楼是怎么报时的呢？如清代，每天一更时先击鼓后敲钟，二更至四更只敲钟不击鼓，五更又是先敲鼓后撞钟（乾隆年间改为二更至四更不敲钟、不击鼓）。"都城内外十有数里，莫不耸听"（北京钟楼前《御制重建钟楼碑记》碑文上关于钟鼓楼报时"效果"的描述）。此外京城里还有许多报时者，即"更夫"，游走在大街小巷，起到报时和安保的作用。当时老百姓的许多生活、耕作习惯也与钟鼓楼报时有关，他们早晨听鼓开工，晚上闻鼓而息。

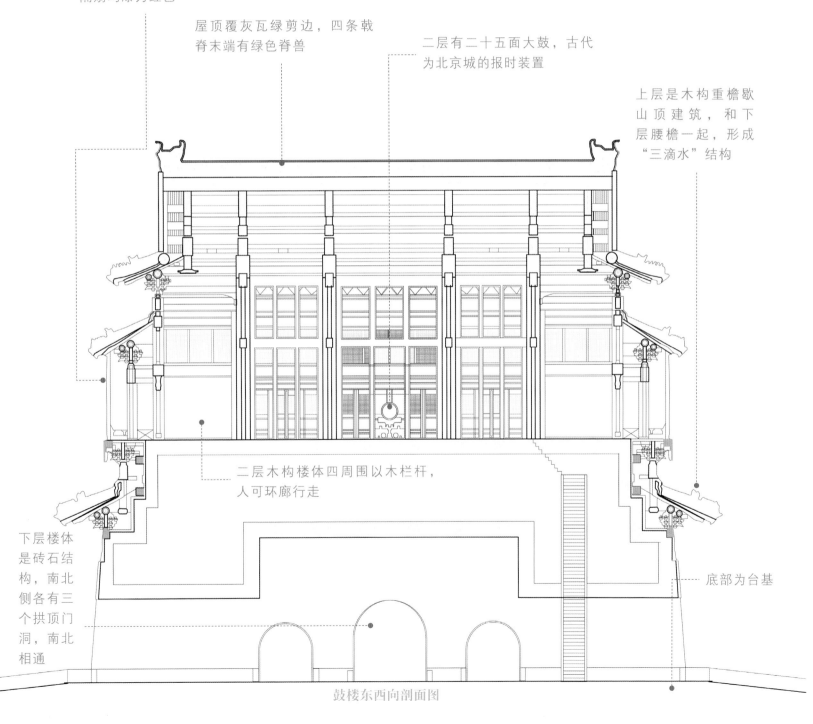

栏杆、大柱、六抹方格
隔扇均漆为红色

屋顶覆灰瓦绿剪边，四条戗
脊末端有绿色脊兽

二层有二十五面大鼓，古代
为北京城的报时装置

上层是木构重檐歇
山顶建筑，和下
层腰檐一起，形成
"三滴水"结构

二层木构楼体四周围以木栏杆，
人可环廊行走

下层楼体
是砖石结
构，南北
侧各有三
个拱顶门
洞，南北
相通

底部为台基

鼓楼东西向剖面图

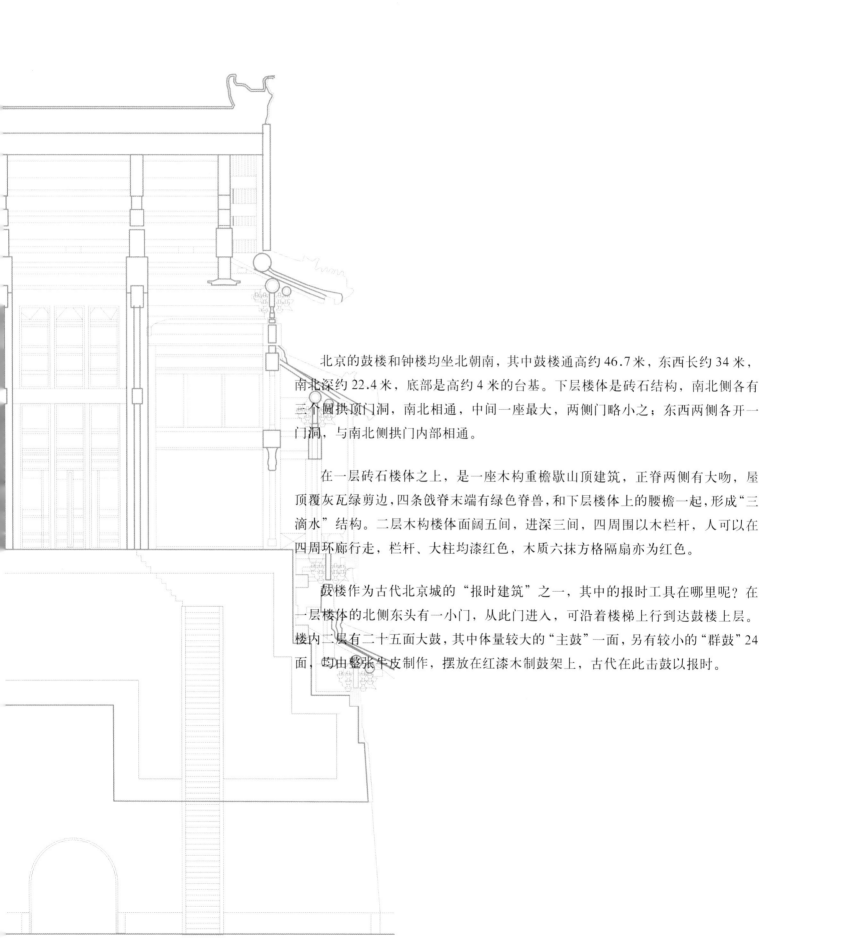

北京的鼓楼和钟楼均坐北朝南，其中鼓楼通高约 46.7 米，东西长约 34 米，南北深约 22.4 米，底部是高约 4 米的台基。下层楼体是砖石结构，南北侧各有三个圆拱顶门洞，南北相通，中间一座最大，两侧门略小之；东西两侧各开一门洞，与南北侧拱门内部相通。

在一层砖石楼体之上，是一座木构重檐歇山顶建筑，正脊两侧有大吻，屋顶覆灰瓦绿剪边，四条戗脊末端有绿色脊兽，和下层楼体上的腰檐一起，形成"三滴水"结构。二层木构楼体面阔五间，进深三间，四周围以木栏杆，人可以在四周环廊行走，栏杆、大柱均漆红色，木质六抹方格隔扇亦为红色。

鼓楼作为古代北京城的"报时建筑"之一，其中的报时工具在哪里呢？在一层楼体的北侧东头有一小门，从此门进入，可沿着楼梯上行到达鼓楼上层。楼内二层有二十五面大鼓，其中体量较大的"主鼓"一面，另有较小的"群鼓"24面，均由整张牛皮制作，摆放在红漆木制鼓架上，古代在此击鼓以报时。

鼓

鼓楼里的报时"鼓"并不是单体的装置，而是由
二十五面鼓组成，其中一面体量较大者是"主
鼓"，其余二十四面是"群鼓"。每面鼓都放置
在红色漆木架上。鼓架上还雕刻有精致的装饰纹
样，与整张牛皮做成的鼓面并置，在视觉上繁简
相宜。

传闻古代每当击鼓报时时，都是主鼓和群鼓搭
配，并且节奏有快有慢，可以想象当时鼓声穿城
而过、余音不断的景象，或许就可体会当时人们
对"时间"的敬畏，以及鼓楼这座报时建筑在古
代都城中的作用和地位。

钟楼

北京的钟楼和鼓楼南北呼应，钟楼前面有一块清代乾隆年间的石碑，上有关于两座建筑位置的描述："皇城地安门之北，有飞檐杰阁翼如焕如者，为鼓楼。楼稍北，崇基并峙者，为钟楼。"从鼓楼出发，沿北京中轴线向北走约100米即到达钟楼。

钟楼和鼓楼一样始建于1272年（元至元九年），后毁于火灾，1420年（明永乐十八年）在现今的位置重建，后又经历火灾，1745年（清乾隆十年）再次重建时使用了砖石结构。此后又进行过多次修缮，并逐渐不再作为报时建筑使用，而是作为文化场所向社会公众开放。

钟楼
Bell Tower

位置：什刹海东北岸，鼓楼北侧
年代：建于1420年（明永乐十八年）
规模：通高47.9米，坐北朝南，占地面积约6000平方米

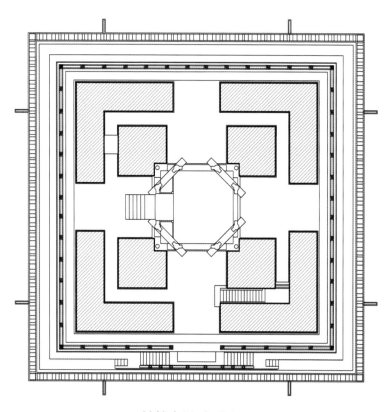

钟楼本层平面图

与北京中轴线上大多数古代建筑不同，从建筑材质上看，钟楼是一座砖石结构建筑，有颇高的防火性能；从建筑造型上看，钟楼相较其他建筑更加"瘦高"，可以想象在古代巍峨神秘的紫禁城外、繁华喧闹的街区中间，高耸的钟楼和鼓楼定是独特的存在，或许还是当时都城生活空间记忆中的"地标性建筑"之一。从建筑色调上看，钟楼也不像北京中轴线上其他古代建筑那般以红色、黄色为主，而是呈现独特的灰色调——黑瓦绿剪边、蓝绿色彩绘、灰色砖墙，成为传统北京中轴线北端一抹独特的色彩。

从总体看，钟楼建筑分为上下两部分：下层的台基和上层的楼体，均由砖石垒砌而成，通高约47.9米。其中一层楼体四侧各开有一座拱形门洞，内部相通，形成"十"字形结构。一层结构类似一座"墩台"，顶部四周围有齿墙，在平面之上起须弥座，围以汉白玉栏杆，座上建二层楼体。从下向上望去，整体形成由大渐小的递变层次。二层是一座重檐歇山顶建筑，正脊两端有大吻。屋顶覆黑色琉璃瓦，边缘则是绿色琉璃瓦剪边。但在岁月冲刷下，黑瓦已呈现黑灰色，带有浓郁的古朴质感。

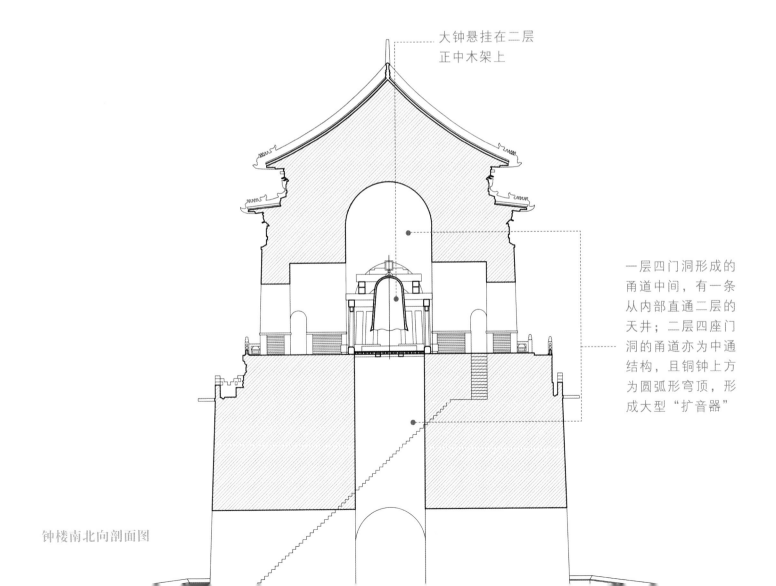

大钟悬挂在二层
正中木架上

一层四门洞形成的
甬道中间，有一条
从内部直通二层的
天井；二层四座门
洞的甬道亦为中通
结构，且铜钟上方
为圆弧形穹顶，形
成大型"扩音器"

钟楼南北向剖面图

钟楼上的每条戗脊末端有绿色脊兽，屋檐下有斗拱和彩绘。相较于故宫建筑的"舒展"，钟楼的屋顶造型显得更为高挑，精致的斗拱、彩画与砖石楼体的"留白"形成对比，更显雅致的古典美。二层墙体四面各开有拱顶门，门两侧有窗户造型。南侧门洞前有东西向台阶，通往一层顶部平台。

一层东侧有台阶可从内部到达二楼，楼中报时用的"大钟"就悬挂于二层正中的木架上。值得注意的是钟楼内部独特的空间设计，即一层四条门洞形成的"十字"甬道正中，有一条从内部通向二层的天井。二层四座门洞形成的甬道亦为内部相通的结构，且铜钟正上方为圆弧形穹顶。这种独特的内部结构使整座建筑成为一座巨大的"扩音器"，能将钟楼里报时的钟声最大范围地扩散到都城各处。

今天的京城生活节奏早已不需要依照钟鼓楼的报时，这两座建筑不再具有从前的那种报时功能，但它们坐落在北京中轴线上、百姓们的生活区之中，已然和今天的首都生活融为一体，是北京中轴线历史鲜活的记录，也是北京城市记忆生长的载体。

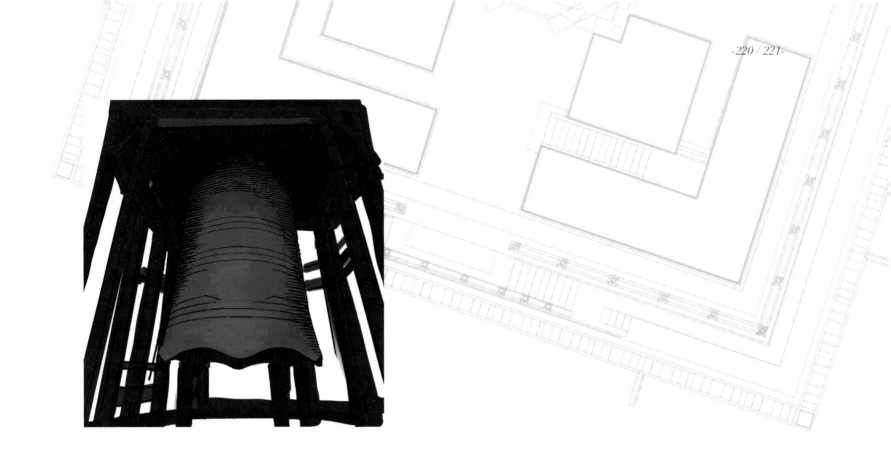

铜钟

钟楼上悬挂的大铜钟铸造于1420年（明永乐十八年），由铜锡合金铸成，重达63吨，是国内现存铜钟重量之最。这座大钟高约7.02米，钟口直径3.4米。

大钟总体为圆柱形，钟体上有几何形条纹，钟唇向外扩出喇叭形，底部被铸造成如同八个花瓣围合而成的造型。大钟悬挂在一座八角形木架上，每以钟杵撞击，钟声洪亮绵长，"都城内外十有余里，莫不耸听"（《御制重建钟楼碑记》载）。

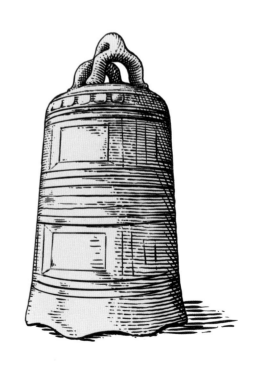

钟楼

明清时期都城的报时建筑，今已作为
文化场所向社会公众开放。钟楼为灰
色砖石建筑，造型"瘦高"，内有八
角形木框钟架和铜钟等文物。

重檐歇山顶建筑，正脊
两端有大吻，屋顶覆黑
色琉璃瓦，同时采用绿
色琉璃瓦剪边

一层顶部四周围有齿墙

下层楼体四侧
各开一座拱形
门洞，内部相
通，平面呈
"十"字结构

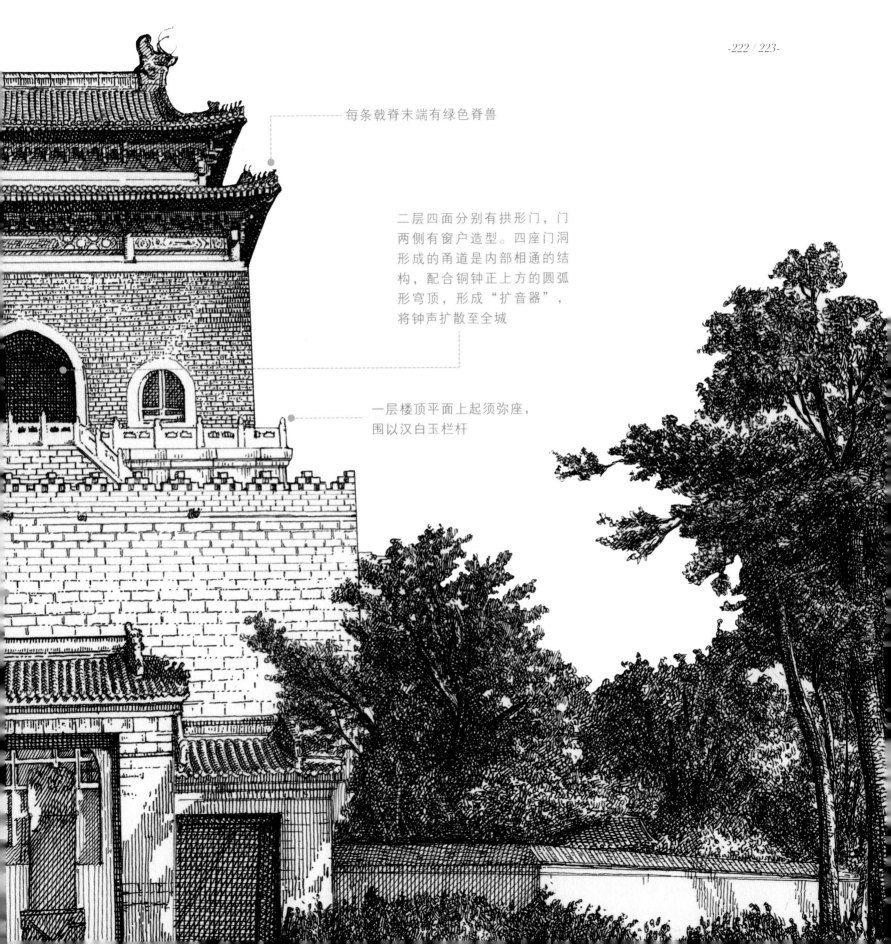

每条戗脊末端有绿色脊兽

二层四面分别有拱形门，门
两侧有窗户造型。四座门洞
形成的甬道是内部相通的结
构，配合铜钟正上方的圆弧
形穹顶，形成"扩音器"，
将钟声扩散至全城

一层楼顶平面上起须弥座，
围以汉白玉栏杆

北京中轴线不仅是存放和展示传统建筑的博物馆，也是一条展示城市规划历史的轴线，还是一条见证城市发展、影响城市当下和未来规划的精神轴线。这座古老的城市在不断发展生长，其总体规划与南北中轴线及其延长线的范围紧密相关。北京中轴线蕴含的城市文化精神也如同基因血脉一般流淌在今天的城市发展中，影响着当下居民和游客的文化生活，轴线因周围的新发展、新生活而持续生长，早已成为一条鲜活的城市建筑轴线、城市历史轴线、城市文化轴线。

北京中轴线的增建和延伸

天安门广场及建筑群

　　历史上北京中轴线沿线建筑的增建或改建大多与传统哲学思想、古代帝王的家国抉择有关，也离不开各朝代能工巧匠们的工艺智慧，以及城市居民生活的节奏韵律变化。到了 20 世纪，北京中轴线也随着城市的发展不断变换着面貌，尤其是 20 世纪 50 年代到 70 年代，天安门广场及建筑群完成了扩建和增建，再次让北京中轴线焕发新生，并见证了这条古老轴线的公共性转型。

　　今天安门广场及建筑群位于北京中轴线核心位置，主要建筑包括轴线上的人民英雄纪念碑、毛主席纪念堂，以及轴线东、西两侧对称分布的中国国家博物馆、人民大会堂。

　　如今天安门广场总聚集着来自全国各地的游客，在古代这里并不是"人民的广场"而是带有皇权色彩的"禁地"，总体呈"T"字形，天安门前的长街东西两端有长安左门和长安右门。长街南侧是狭长的广场，广场两侧是千步廊和宫墙，再往南就是中华门（明代称"大明门"，清代称"大清门"）。1914 年拆除了千步廊，行人可在此穿行或聚集。

　　这里曾经历多次改建或扩建：为满足国庆游行和疏导交通的需要，1952年拆除了长安左门和长安右门，拓宽长安街；1955年拆除了广场东西两侧的墙，并重新铺砌了地面，广场向东西两侧拓宽；1958年长安街再次拓宽，拆除了中华门、棋盘街等建筑，天安门广场面积继续扩大，东西宽度达到500米，同年，人民英雄纪念碑落成，并在广场西侧修建万人大会堂（今人民大会堂），东侧修建博物馆（今中国国家博物馆）；1976年后，天安门广场再次进行改建，在广场南侧修建了毛主席纪念堂。可以说天安门广场改建的过程见证着国家建设的历史，也见证着北京城发展变迁的过程。

　　古老北京中轴线的历史因这些建筑的出现而更具层次，建筑如同其他历史实物一般反映着历史的立体情境，它们身上附着的历史和记忆并没有随着时间的流逝而消失，而是随着公共广场上漫步的行人一起，持续深化在每一代中国人的脑海之中，与他们不同的个体记忆交织在一起，形成鲜活而富有生命力的文化记忆。

人民英雄纪念碑

人民英雄纪念碑是对英雄先烈的纪念，也是国家和民族精神的象征。老一辈创作者回忆人民英雄纪念碑的建设过程时曾说，希望每一位站在天安门城楼上的人都能遥望这座纪念碑，铭记新中国成立和建设发展的历史。

如今人民英雄纪念碑矗立在天安门广场之中，已成为北京中轴线上庄严肃穆的一笔，这座位于人民的广场上的、纪念人民英雄的纪念碑，也和北京中轴线上其他建筑一样，成为了时光流转中稳固不变的记忆载体，它不仅承载和诉说着先烈们的历史，更写就着一代又一代中华儿女们心中的红色记忆。

人民英雄纪念碑
Monument to the People's Heroes

位置：北京市天安门广场
年代：1949年奠基，1958年建成
规模：通高37.94米，底座东西宽50.44米，
南北长61.5米

人民英雄纪念碑位于天安门广场中、南北轴线之上，从北侧的天安门城楼、南侧的毛主席纪念堂、东侧的中国国家博物馆、西侧的人民大会堂，均可望见这一宏伟肃穆的纪念碑。

人民英雄纪念碑于1949年9月30日奠基，即开国大典前一天。从设计到施工建设共耗时八年多，1958年4月22日建成，当年5月1日举办了揭幕典礼。

人民英雄纪念碑由梁思成、林徽因担任主要设计，设计过程几经推敲，从方案征集到方案遴选、征求意见，再到协商讨论，甚至到了施工期间仍在讨论局部细节的设计。1952年8月正式动工后，人民英雄纪念碑兴建委员会根据不同工作类型组织了7个工作组，设计师、雕塑家、建设工人等诸多人一起热情投入到建设工作之中。其中人民英雄纪念碑四面的巨型浮雕由刘开渠、王临乙、曾竹韶、滑田友、傅天仇等老一辈艺术家创作，并由全国各地调集的优秀雕工共同雕刻而成。

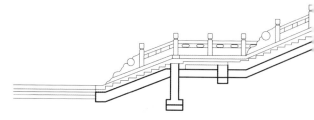

人民英雄纪念碑通高 37.94 米，整座纪念碑以钢筋混凝土固定主体结构，碑体采用花岗岩材质，浮雕装饰主要以汉白玉制成，碑顶装饰庑殿顶，底部为须弥座。

整座纪念碑坐落在双层台基上，台基的东、西、南、北四面出台阶，一层台阶较二层台阶略宽，台面四边和台阶两侧以汉白玉栏杆围绕装饰。自天安门广场登上台基，走到人民英雄纪念碑脚下，首先映入眼帘的是第一层须弥座束腰上的浮雕作品，这些作品高约 2 米，分布在须弥座的四面，行人在纪念碑四周环行需微微仰视，观赏浮雕上的内容情节，既有同历史的亲近，又有对画面中先辈们的敬仰。

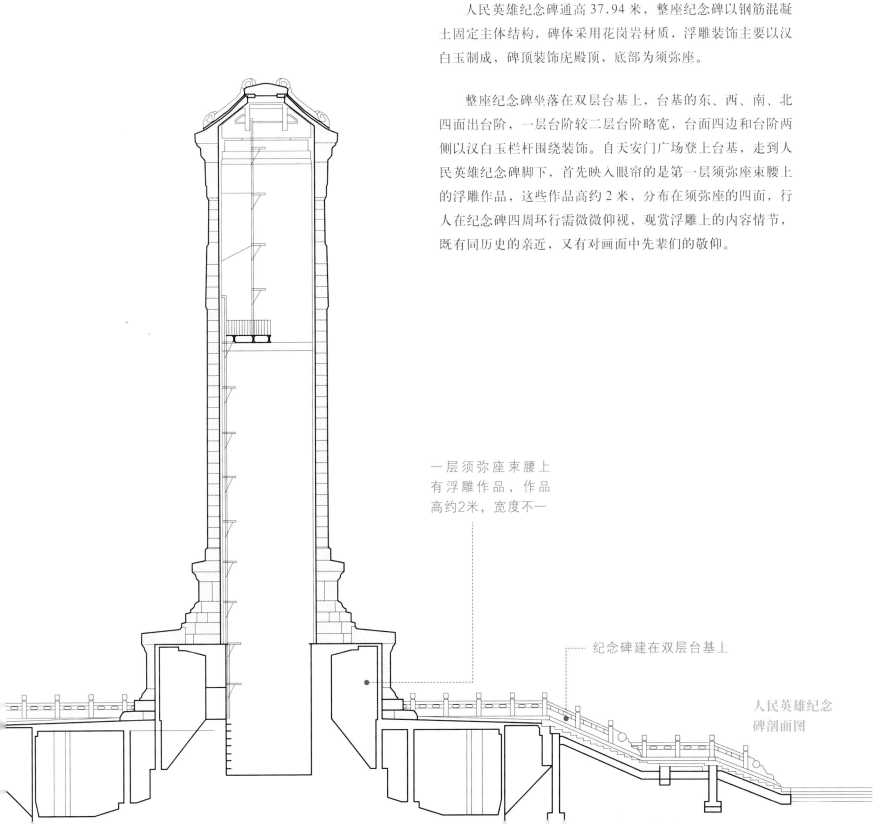

一层须弥座束腰上有浮雕作品，作品高约2米，宽度不一

纪念碑建在双层台基上

人民英雄纪念碑剖面图

　　东面的两幅汉白玉浮雕作品描绘的分别是"虎门销烟""金田起义"，南面的三幅作品是"武昌起义""五四运动""五卅运动"，西面的两幅作品是"南昌起义""抗日游击战争"，北面的作品别是"胜利渡长江"和"支援前线""欢迎中国人民解放军"。

　　第二层须弥座较一层体量减小，更接近于碑身的横纵尺寸，形成错落而不单一的层次感，须弥座束腰上雕刻八个花环，其中南北两侧各三个，东西两侧各一个，这些花环和垂幔装饰是对历史的祭奠，也是对新生活的礼赞。

　　再往上看就是碑身了，正面（北面）镌刻着毛泽东同志所题写的"人民英雄永垂不朽"八个大字。背面碑心为毛泽东同志起草、周恩来同志书写的碑文。东西两面各雕刻一组装饰花纹，以五角星为主体，搭配松柏、旗帜等纹样，象征着人民英雄们的精神永恒、长青。纪念碑顶部是石雕的小庑殿顶装饰，体现鲜明的民族色彩。

人民英雄纪念碑

主体结构是钢筋混凝土，碑体采用花岗岩材质，浮雕装饰采用汉白玉制成。

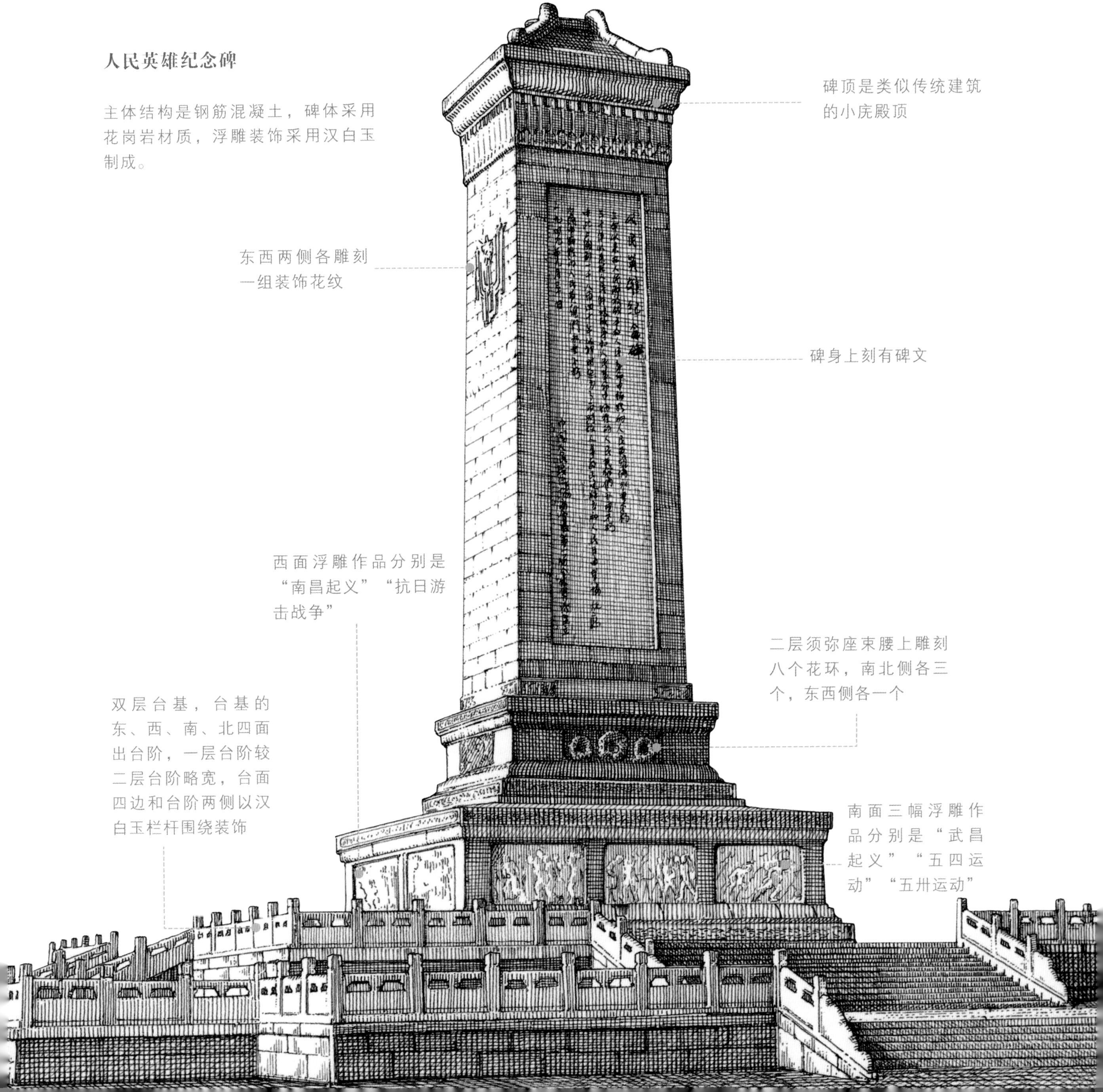

碑顶是类似传统建筑的小庑殿顶

东西两侧各雕刻一组装饰花纹

碑身上刻有碑文

西面浮雕作品分别是"南昌起义""抗日游击战争"

二层须弥座束腰上雕刻八个花环，南北侧各三个，东西侧各一个

双层台基，台基的东、西、南、北四面出台阶，一层台阶较二层台阶略宽，台面四边和台阶两侧以汉白玉栏杆围绕装饰

南面三幅浮雕作品分别是"武昌起义""五四运动""五卅运动"

毛主席纪念堂

毛主席纪念堂
Chairman Mao Memorial Hall

位置：北京市天安门广场
年代：1977年9月9日举行落成典礼并对外开放
规模：总建筑面积33 867平方米

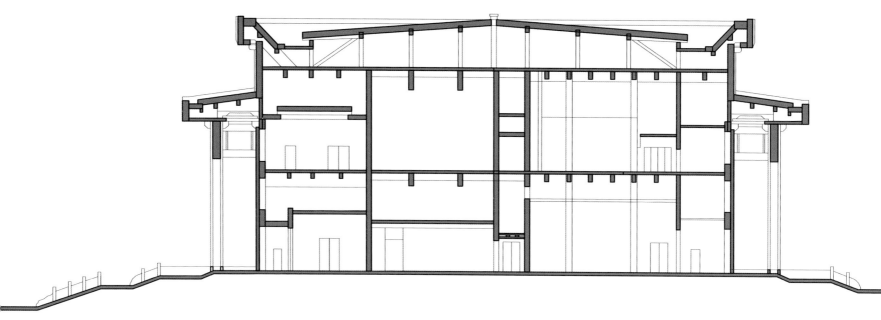

毛主席纪念堂南北向剖面图

毛主席纪念堂在建设之时是纪念伟大领袖的地方，建设的过程也寄托着当时人们对毛主席满满的敬意，以及对未来美好生活的期待。选址在天安门广场南侧，和"人民的广场"、人民英雄纪念碑共同形成北京中轴线上富有节奏感的纪念线索；设计和建造过程表达着设计者和建设者们磅礴又细腻的情感；内部瞻仰厅、纪念厅、宣教厅等功能空间的设置，意味着这座建筑不只是单一的纪念性场所，更是一座具有丰富内涵的爱国主义教育场所。

毛主席纪念堂位于天安门广场南侧、北京中轴线之上，北面是人民英雄纪念碑，南面是正阳门。

毛主席纪念堂于 1976 年 11 月 24 日正式开工建设，1977 年 9 月 9 日举行落成典礼并向公众开放。从选址到方案设计，再到施工建设，均汇聚了全国各行业人员的力量。建筑物本身在承载纪念活动的同时，也和天安门广场建筑群一起，彰显了当时的建筑艺术特色。

与北京中轴线上大多数建筑的方位朝向不同，毛主席纪念堂坐南朝北，立面分上下两层，平面呈对称的正方形。

纪念堂坐落在双层台基上，四周围绕汉白玉栏杆，装饰万年青雕刻纹样。南北两侧有台阶，台阶中间各有两条汉白玉"垂带"并雕刻有向日葵、松树、蜡梅、万年青等纹样。台阶下装点绿草、松树等植被。沿台阶可步行至建筑跟前，建筑为平顶双层檐，檐口装饰黄色琉璃，与附近古代建筑的明黄琉璃瓦配色相呼应。四角设计为向上凸起的装饰，好似屋檐四角起翘，有传统建筑中飞檐的韵味但又不失新意。檐下环绕四方抹角立柱四十四根，表层为花岗岩材质；柱间装饰陶板，上雕刻花环纹样。北侧檐下正中悬挂汉白玉牌匾，上面用金色字书写着"毛主席纪念堂"。

纪念堂内部构造按功能划分，入口处是北大厅，摆放着毛主席坐像，也是举行纪念仪式的地方；中央是瞻仰大厅，南厅则是纪念堂的出口。二层是纪念室、宣教厅、藏品陈列室等展示、教育空间，以文物、文献、照片等展示老一辈革命家的历史伟绩。

檐四角微微翘起，有传统建筑
中飞檐的韵味但又不失新意

台阶中间有两条"垂带"并
雕刻向日葵、松树、蜡梅、
万年青等纹样

柱间装饰陶板上
雕刻花环纹样

檐下环绕四方抹角
立柱四十四根，表
层为花岗岩材质

建筑坐落在双层
台基上，四面围
绕汉白玉栏杆，
雕刻万年青纹样

建筑主体平面呈正方形

平顶双层檐，檐口装饰
黄色琉璃板，琉璃下檐
呈波浪形

中国国家博物馆

中国国家博物馆建筑始建于 1958 年，是新中国 "十大建筑"之一，当时为中央革命博物馆和北京历史博物馆的"双馆"建筑。1960 年双馆分别改名为"中国革命博物馆""中国历史博物馆"，1969 年两馆合并为"中国革命历史博物馆"，1983 年再次分为两馆。2003 年，在中国历史博物馆和中国革命博物馆两馆基础上正式组建中国国家博物馆。

2004 年博物馆建筑改扩建工程开始征集方案，方案确定并完成修改后，于 2007 年正式动工，2011 年竣工后面向公众开放。在结构上，老馆南北对称，北侧是中国革命博物馆，南侧是中国历史博物馆，两馆通过中间的公共空间连接，更像同一院落中的两个单独的建筑。新馆保留了西侧的庭院区域，将东侧建筑改造，并把建筑区域向东侧扩展。在庭院和展陈空间之间塑造了一条贯穿南北的长廊，相较于老馆南北翼中间的公共区域，这条长廊的功能倾向于一座室内广场，将整座建筑真正融为一体。

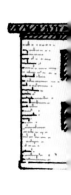

中国国家博物馆

National Museum of China

位置：北京市天安门广场东侧
年代：始建于1958年，2011年完成改扩建
规模：建筑面积19.19万平方米

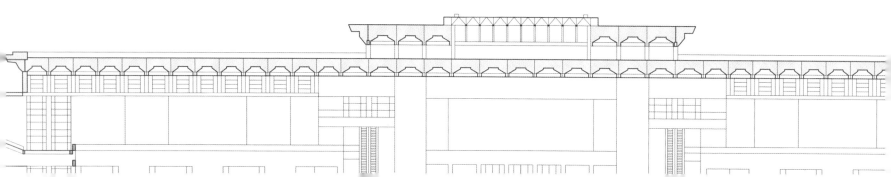

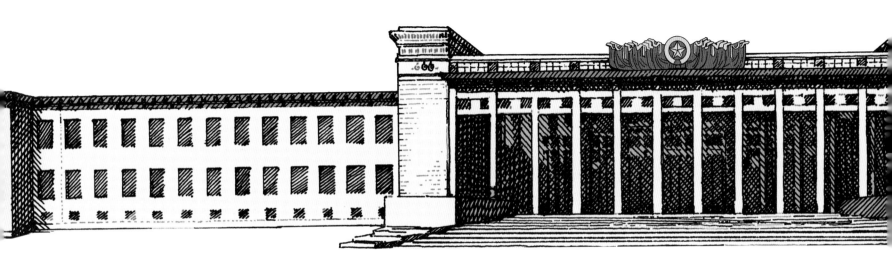

中国国家博物馆位于天安门广场东侧，与人民大会堂分属北京中轴线的两侧，空间位置呈东西对称。

如今的中国国家博物馆是北京中轴线沿线的一座具有代表性的现代博物馆建筑，建筑体已被赋予了丰富的人文内涵，从空间意义上是收藏和展示中华民族优秀文化的殿堂，从文化意义上是存储和传承国家文化记忆的媒介，也是国家的"文化客厅"。

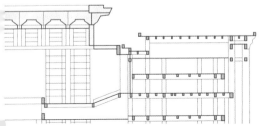

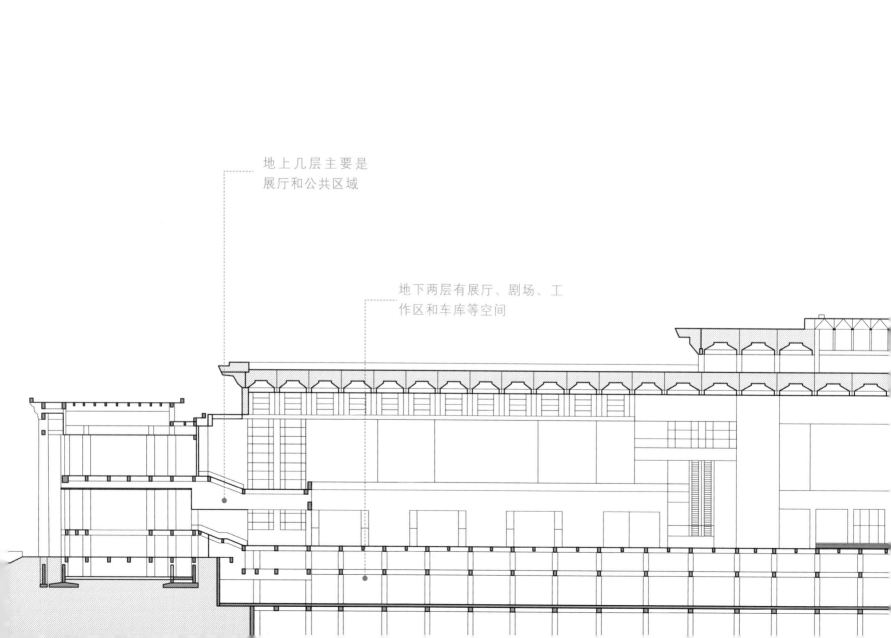

地上几层主要是
展厅和公共区域

地下两层有展厅、剧场、工
作区和车库等空间

中间是中央大厅，大厅两侧是四个贵宾厅，再两侧就是南北展厅

西侧正门入口两侧是庭院，庭院四周是以建筑体形成的半围合式空间

立面呈"凸"字形

中央大厅南北侧各有扶梯，室内空间主要分为七层，地上五层，主要是展厅和公共区域；地下两层，有展厅、剧场、工作区、报告厅、车库等

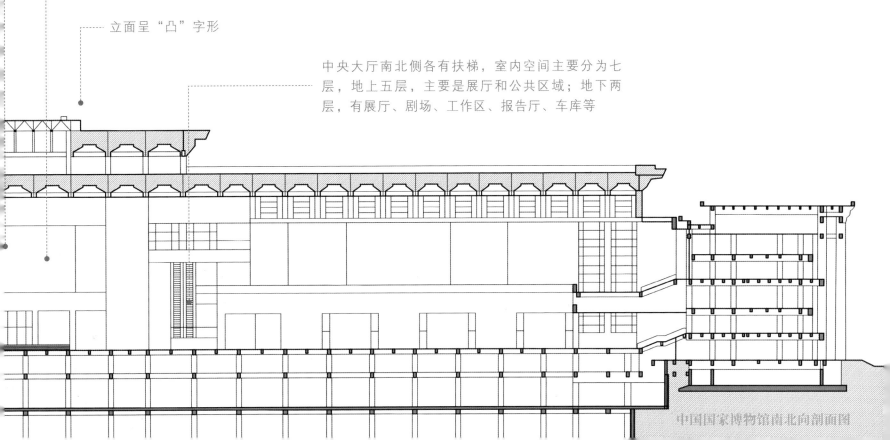

中国国家博物馆南北向剖面图

今天的中国国家博物馆建筑坐东朝西，正门面向天安门广场。建筑整体白墙黄顶，既蕴含传统建筑的古风韵味，又和天安门广场中其他建筑有所呼应，还一定程度上增加了现代元素。

从平面布局上看，建筑呈南北对称分布，西侧正门入口两侧是庭院，庭院四周并不是围墙，而是以建筑体形成半围合式空间。庭院往东就是整座建筑的空间中心，即南北长廊，这是一条由建筑南门直通北门的贯穿空间，由于体量庞大，因此既是长廊，也是一座室内广场，在横向、纵向上都连通着室内各功能空间，商店、导览台等服务设施大多设置在此。再往东就是主要的展示区域，包括中央大厅和南北两侧的展厅。

从天安门广场遥望中国国家博物馆，可见西侧立面呈"凸"字形，中间是入口，由两座类"门阙"式高台和中间双层共二十四根立柱构成，立柱上方以横梁连接。与屋檐衔接处的"斗拱"显现出传统建筑元素的创新运用。屋檐上方的门额正中间是五角星和垂幔装饰。从外观上看，两翼建筑分上下两层，墙体与中央柱廊一样呈乳白色，向外延伸的屋檐结构和明黄的配色，与不远处故宫里的传统宫殿建筑形成呼应。部分屋檐在材质上不再采用琉璃，而是运用金属板，檐下"斗拱"也是金属材质，喷涂白色颜料而成，颇具时代特色。

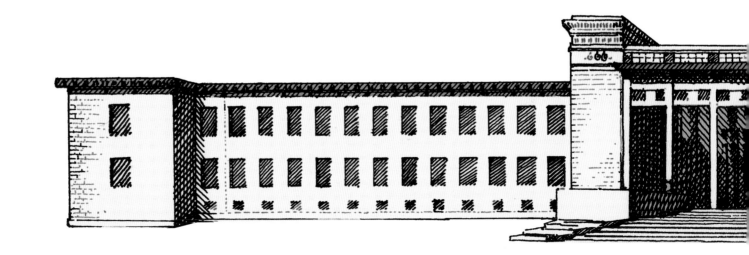

沿台阶而上到达西侧柱廊，则可亲身感受建筑的高耸和巍峨感。穿过柱廊，可见南北两侧的庭院，院中有修剪整齐的草坪和松柏等植物，既有现代造型，又有古风韵味。庭院东面为室内空间的正门，由此进入后，映入眼帘的就是恢宏的南北长廊。这条长廊顶部仿照传统建筑的"藻井"，只是这里的藻井增加了更多实用功能，安装了馆内的照明、通风等设施。长廊内部装饰以石材、木材、金属搭配而成，浓淡相宜，大厅西侧有节奏感地分布着玻璃窗，阳光透过门窗洒进，在大厅中形成变幻的光影舞蹈，成为天然的装饰。沿着长廊正中的楼梯向上，就是中央大厅，大厅两侧是四个贵宾厅，再两侧就是南北展厅。室内空间主要分为七层，地上五层、地下两层，地上主要是展厅和公共区域，地下有展厅、剧场、工作区、报告厅和地下车库等空间。

今天的国家博物馆收藏、展示着古今中国的文化珍品，大部分展览都向观众免费开放。当观众走进中国国家博物馆建筑，即感受到国家历史的悠久和文化的璀璨。在这里，文化底蕴带来的深刻自信首先由建筑转译成可观、可触、可感的文化空间，行走观展时又由展品阐释成切实的历史实例，文化基因和民族记忆在这里被不断激活。这座博物馆与天安门广场中其他建筑一样守护在首都北京中轴线的核心区，它既是对外展示国家文化的窗口，也是保存国家历史的殿堂，还是不断塑造和续写民族记忆的公共空间。

部分屋檐以金色铝板装饰，与故宫古代建筑的明黄琉璃瓦颜色相映衬

入口由两侧类"门阙"式高台，和双层共二十四根海棠角方形立柱构成

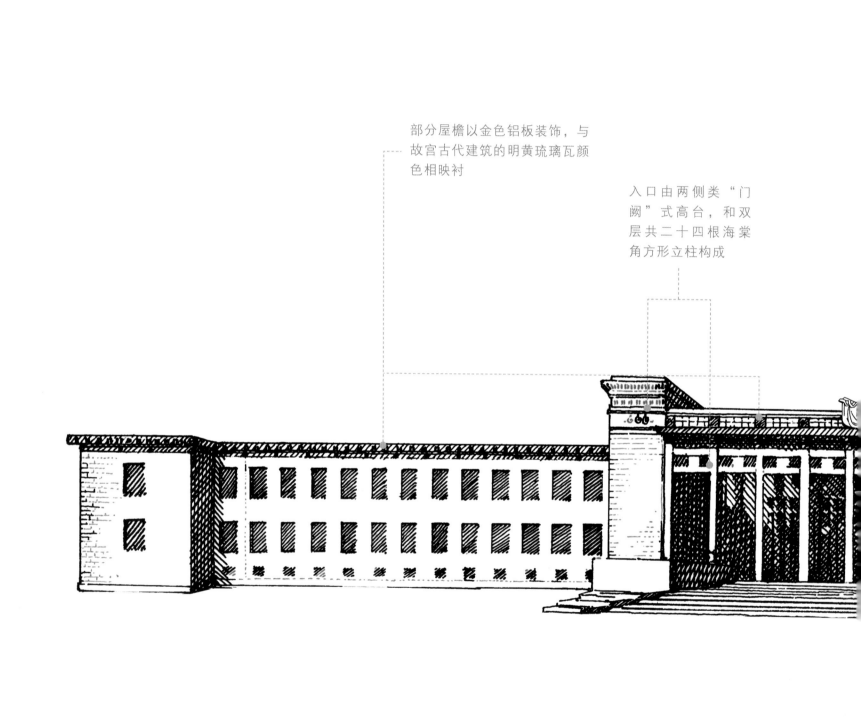

屋檐上方的门额
正中间是五角星
和垂幔装饰

柱廊以里，南北两侧有庭院，院中
有整齐的草坪和松柏等植物

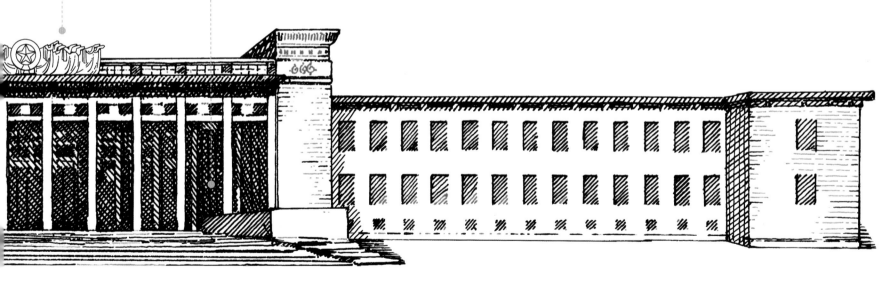

人民大会堂

人民大会堂位于天安门广场西侧，与中国国家博物馆分处北京中轴线的两边，在空间位置上东西对称。

人民大会堂

Great Hall of the People

位置：北京市天安门广场西侧
年代：建成于1959年
规模：建筑面积约17.18万平方米

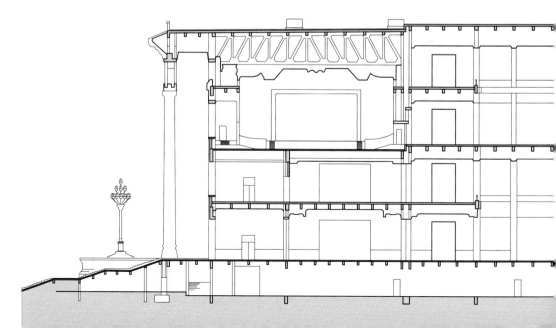

人民大会堂东西向剖面图

坐落在天安门广场西侧的人民大会堂，在今天已然具有了一定的纪念碑色彩，它是新中国建设发展历程的见证和承载物之一，因此它在今天既是有使用功能的会堂，也是参观的对象、学习的对象、追忆的对象。

1958 年，人民大会堂的设计方案经过多轮讨论最终形成，当年 10 月开始动工，只用了 10 个月就完成了修建。从使用功能上看，人民大会堂是办公场所，也是召开重要会议的场所。它既有建筑本身的持久性，也有特殊建设背景下的纪念性，同时还具有可供参观、使用的公共性。也正因如此，在设计建设之初就被寄予了颇高期望。

能容纳万人的"中央大厅"

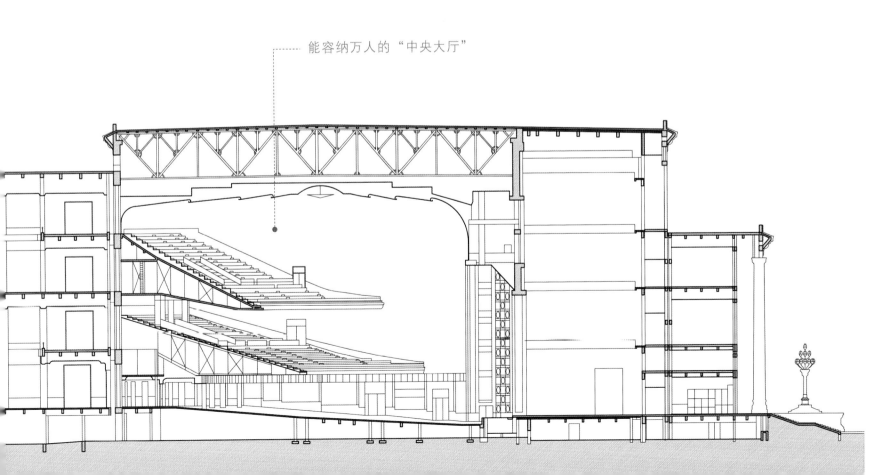

人民大会堂坐西朝东，建筑庄严巍峨，建筑面积达 17.18 万平方米。正面望去整体呈左右对称、中间高两侧低的"山"字形。建筑南北总长约 336 米，东西进深 206 米，通高约 46.5 米。底部有 5 米高的基座，通过台阶逐级向上可到达建筑的出入口。

外立面材质以花岗岩为主，呈现淡雅大气的黄白色。建筑最外侧有一圈柱廊，以一百三十四根石柱环绕，远观有沉稳的秩序感，近看高耸的石柱则带来令人敬畏的庄严感。柱身是灰色花岗岩材质，柱头和柱基既不是西洋古典装饰样式，也不是传统的木构柱头，而是另有创新——柱基围有褐色琉璃，装饰有覆莲纹样；柱头装饰向上翻卷的花瓣纹样，颜色与建筑的浅黄色一致，立柱整体繁简结合，庄重大气。

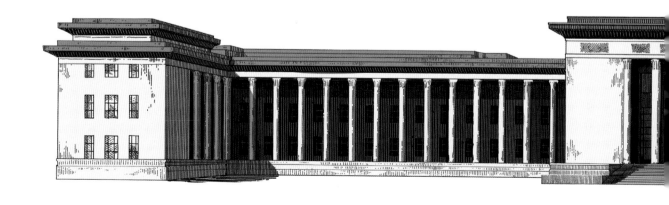

建筑正面顶部装饰陶瓷栏板，上有花卉植物雕刻，正中门额上悬挂巨型国徽。门额与屋顶之间是向上翻卷的黄绿相间琉璃仰莲装饰。顶部一圈是类似古代建筑屋顶出檐的黄琉璃装饰，总体呈上小下大的阶梯感。屋檐阳角向外摆出，形成古代建筑那般的飞檐效果。建筑总体庄重大气，体现古典与现代、东方与西方融合之美，虽庄严却不压抑，虽雄伟却不疏离。

人民大会堂东、南、北正中各有一门，西侧开设两门，因内部空间功能不同，供不同参会人员、参观者或工作人员出入。礼堂中部有能容纳万人的"中央大厅"，以及小礼堂、新闻发布中心等，北侧有能同时摆放五千个座席的大宴会厅，南侧是全国人大常委会的办公区。

此外礼堂中还有以各省、区、市命名的会议室，以及为了反映现代化成就而命名的"化学厅"等，室内装饰各具特色。

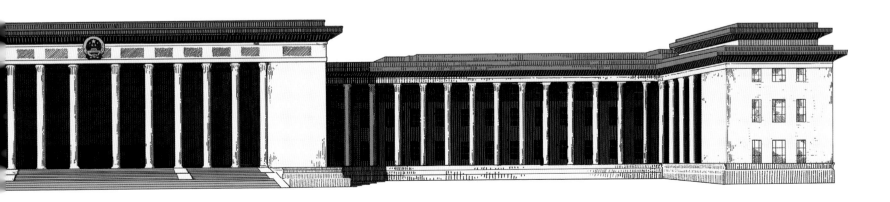

建筑外侧有一圈柱廊，由
一百三十四根石柱环绕。柱
身是灰色花岗岩，柱头装饰
淡黄色花瓣纹样；柱基为褐
色琉璃，上有装饰花纹

正中门
额上悬
挂国徽

建筑长约336米，东西
进深206米，高46.5米

采用黄绿相间的
琉璃屋檐装饰

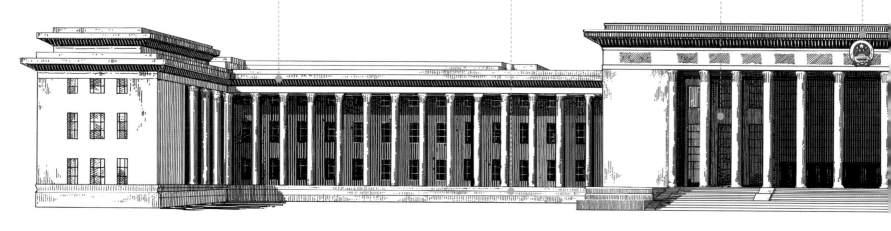

东侧正中台阶上为正门

顶部是一圈似古建筑
"出檐"效果的黄琉
璃装饰，呈现上小下
大的阶梯感

正面顶部装饰陶
瓷栏板，上有花
卉植物纹样

外立面以花岗岩材
质为主，呈现淡雅
大气的黄白色

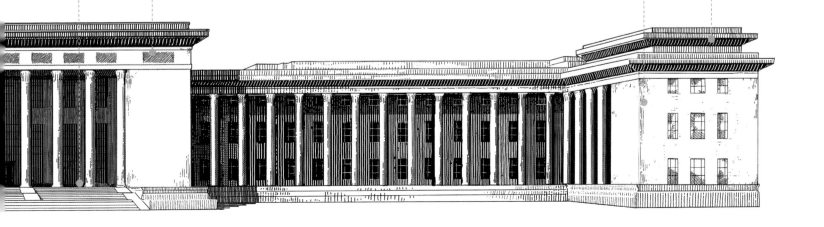

国家体育场（鸟巢）

随着 2008 年奥运会的举办和体育场馆的兴建，传统北京中轴线开始向北延伸。国家体育场（又称"鸟巢"）和国家游泳中心（又称"水立方''冰立方"）因其特殊的历史意义、创造性的造型、新技术手段的运用等，成为中轴线延长线上的标志性、节点式建筑，同时区别于北京中轴线上其他现代建筑，成为这条城市轴线在新世纪的一抹新色彩。

国家体育场
National Stadium

位置：北京奥林匹克公园
年代：建成于2008年
规模：体育场占地20.4万平方米，
建筑面积25.8万平方米

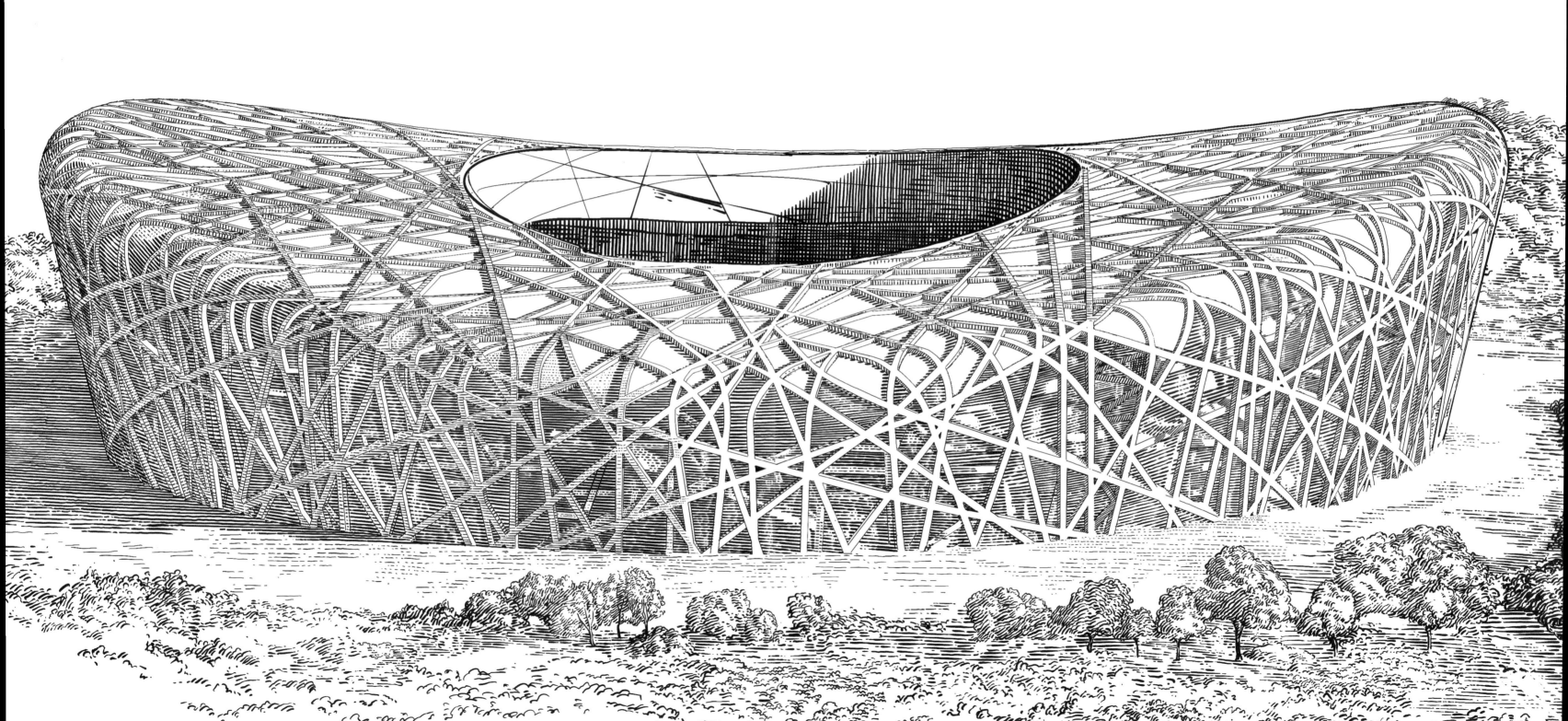

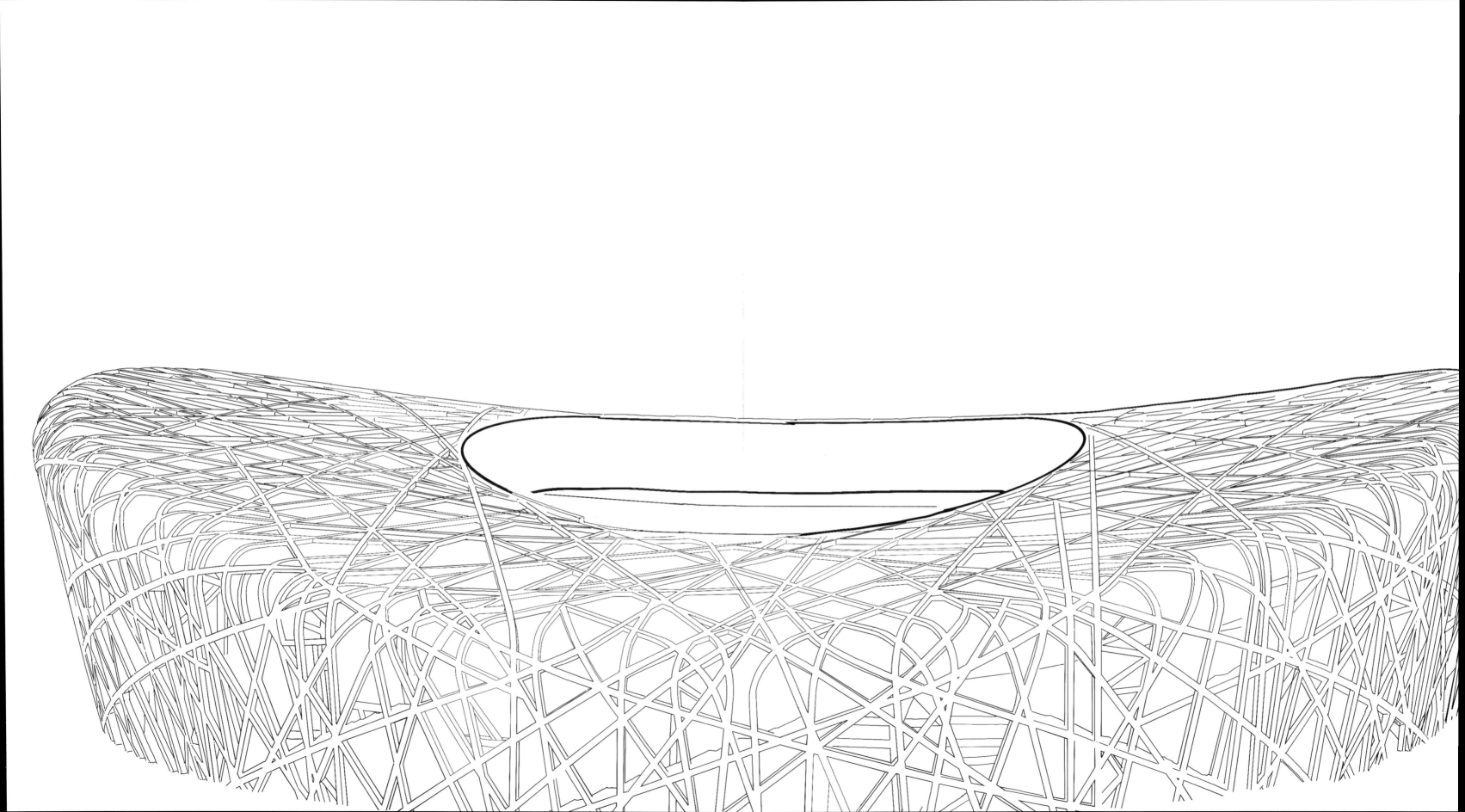

国家体育场又称"鸟巢"，是为筹备 2008 年北京奥运会兴建的体育场馆之一。2001 年北京申奥成功后，次年就面向全球征集国家体育场建筑方案，2003 年从投稿方案中评选出"鸟巢"方案。这一设计由瑞士赫尔佐格和德梅隆威斯特设计公司（Herzog & De Meuron）、中国建筑设计研究院联合设计，后由北京城建集团在 2003 年 12 月启动施工。

　　经过四年多的修建，国家体育场于 2008 年 3 月竣工。自 2008 年投入使用以来，先后举办过北京奥运会、北京冬奥会的开幕式、闭幕式，以及相关体育赛事、文化活动等，见证着国家体育事业的发展、国家综合实力的进步。这座建筑更是随着奥运会的举办受到广泛关注，而一度成为热门景点，直至今天仍是城市居民经常光顾的文体场所之一。

在开阔的奥林匹克公园中，"鸟巢"建在一个南北走向的底座上，它不同于传统建筑的须弥座，于地平线之间并没有明显的高度差，而是呈现为柔和的起伏线条，仿佛蜿蜒大地上搭建的巢穴，集自然感与现代感于一体。建筑占地 20.4 万平方米，整体造型如"鸟巢"，建筑面积 25.8 万平方米，可容纳 9 万余名观众。

建筑外部以钢网包裹，似飞鸟用枝条搭建的巢穴，又如中国瓷器上优美的纹路。顶部覆盖特殊材质的薄膜，起到透光、遮雨的作用。

这些钢架并不只是外立面的装饰，更是建筑结构本身，这种设计显现了方案的独特性，同时也是建筑难度所在。

传统北京中轴线向北延伸到达北京奥林匹克公园，国家体育场和国家游泳中心位于园区中心区，东西对称分布于北京中轴线延长线两侧

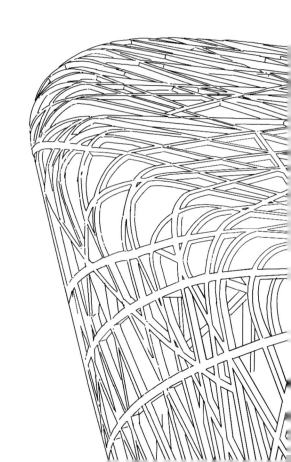

整套钢网由诸多钢结构焊接而成，虽然在设计上有主次之分，但这些钢架在外观上几乎粗细一致，不仅有很多交叉重叠的地方，而且形状、位置没有太多规律可循，建造时对精准拼接的要求极高；此外，钢架结构跨度大、体量大，无论是焊接还是吊装都面临诸多技术难题，如部分结构需要先进行地面焊接，再空中翻转吊装，施工难度可见一斑。

钢网内部是混凝土搭建的"碗"形看台，钢网与看台中间留有镂空空间，从内向外看，如同中国古代园林中的漏窗，钢网的缝隙成为取景框，城市景色被切割成一片片独特的画面。从外部看这种"线"与"面"的对比、融合呈现出空间的通透美感，尤其在夜间灯光效果下更显巧妙玲珑，是一道靓丽的城市风景。

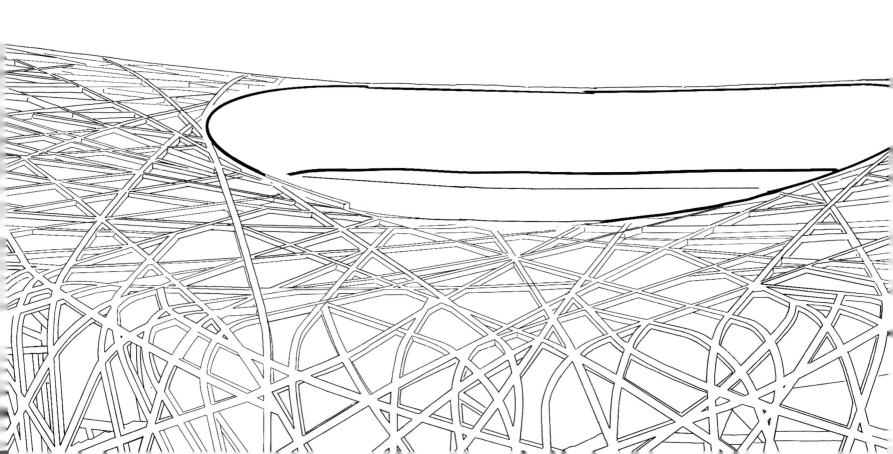

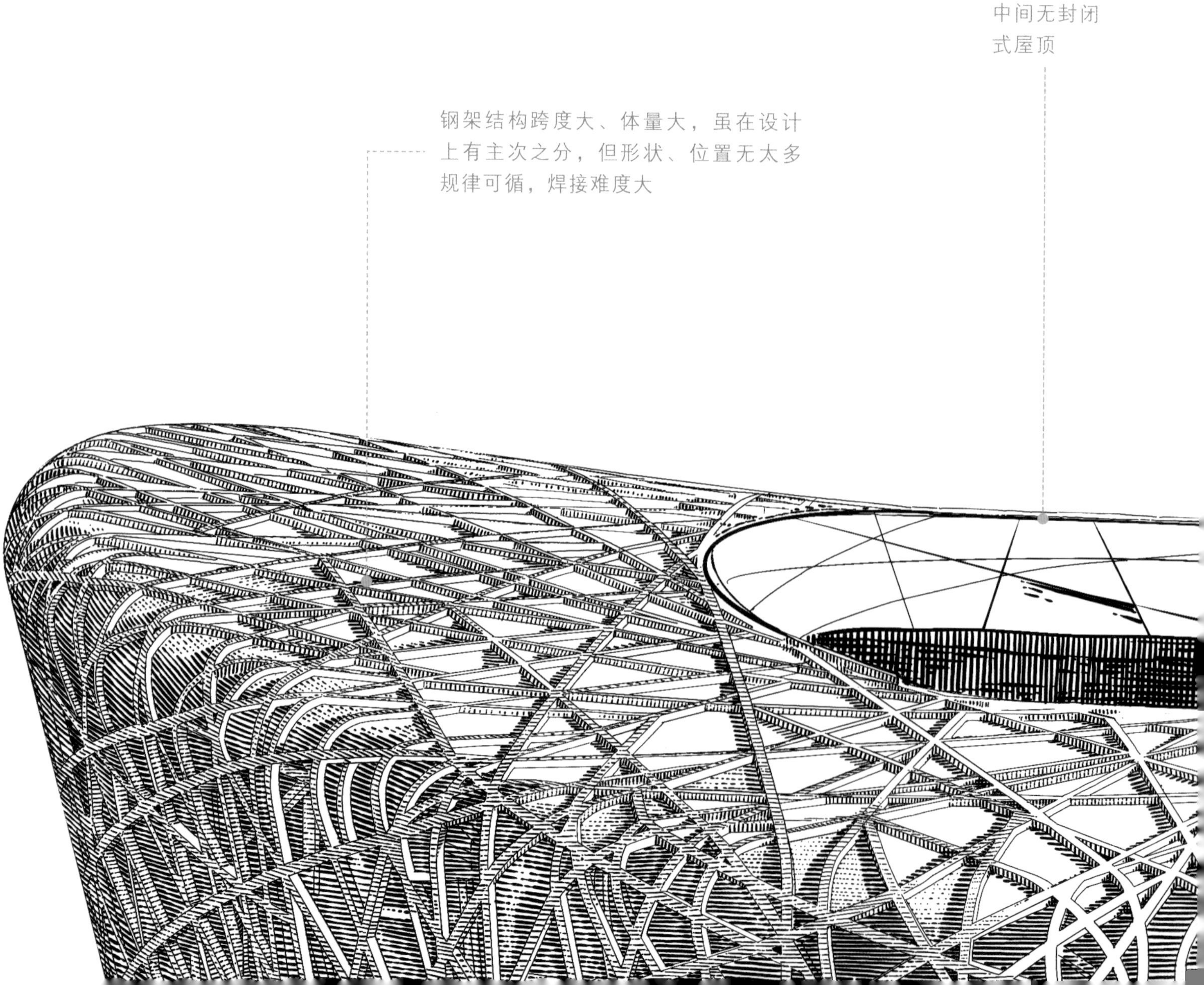

中间无封闭
式屋顶

钢架结构跨度大、体量大，虽在设计
上有主次之分，但形状、位置无太多
规律可循，焊接难度大

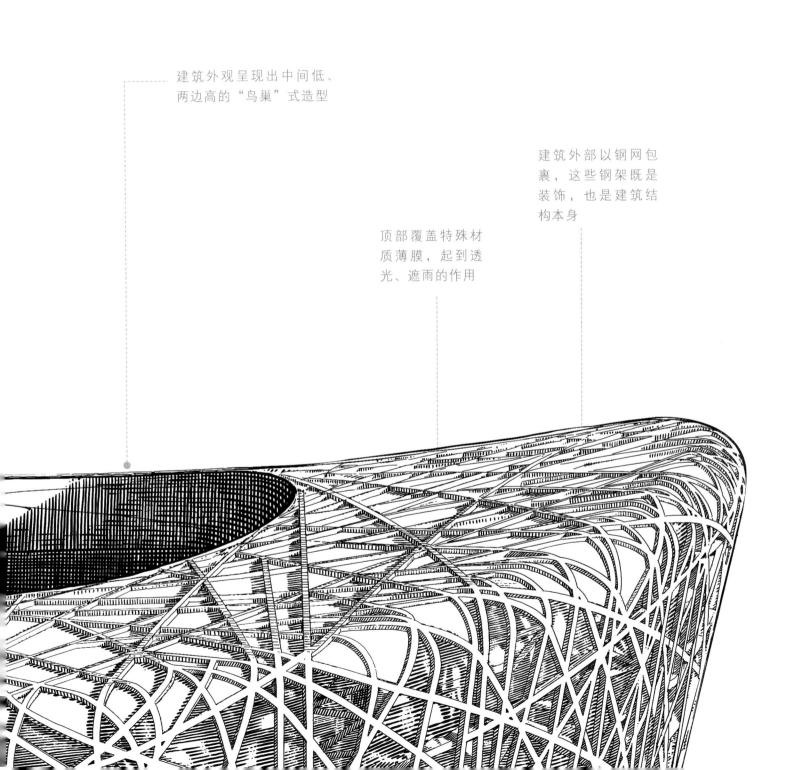

建筑外观呈现出中间低、两边高的"鸟巢"式造型

顶部覆盖特殊材质薄膜，起到透光、遮雨的作用

建筑外部以钢网包裹，这些钢架既是装饰，也是建筑结构本身

"鸟巢"建在一个南北走向的底座上，
底座为柔和的起伏线条，仿佛蜿蜒大地
上搭建的巢穴，与建筑主体的"编织"
风格相呼应，集自然感与现代感于一体

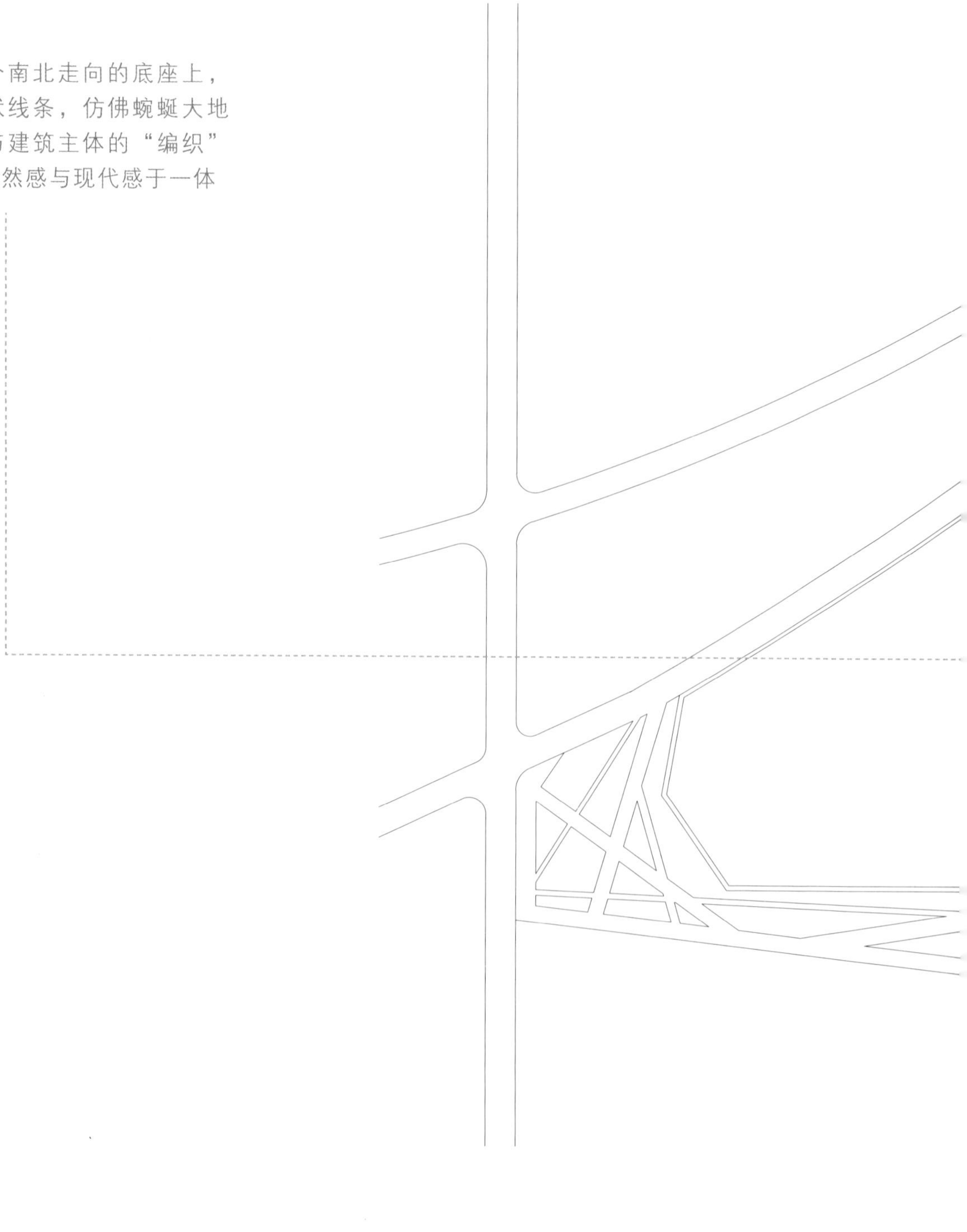

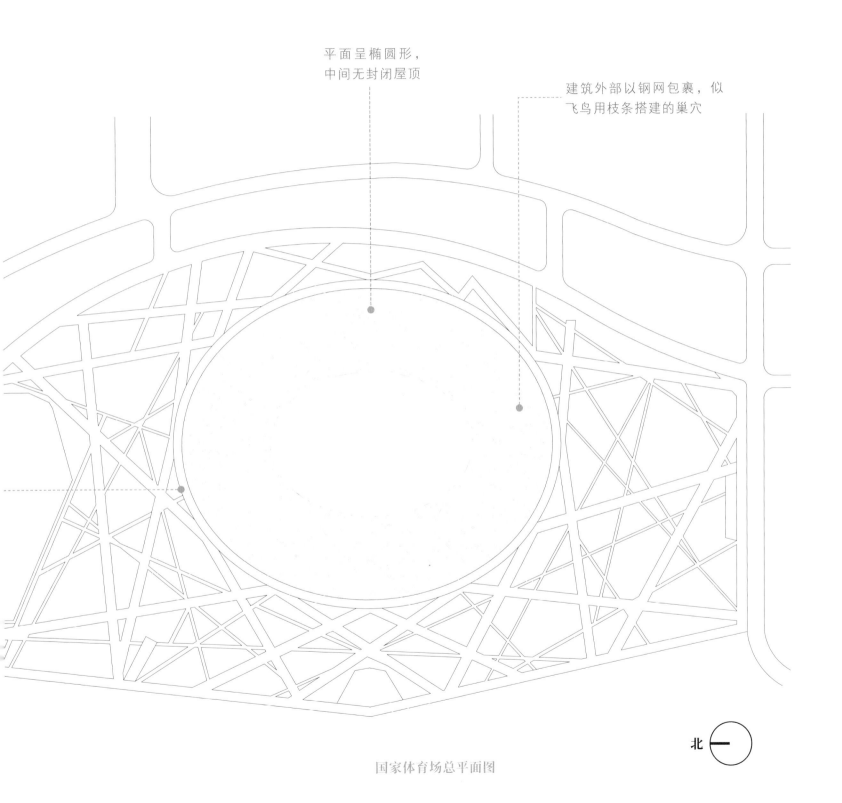

平面呈椭圆形，
中间无封闭屋顶

建筑外部以钢网包裹，似
飞鸟用枝条搭建的巢穴

北

国家体育场总平面图

国家游泳中心

（水立方／冰立方）

国家游泳中心（水立方／冰立方）位于北京奥林匹克公园，地处北中轴线延长线的西侧，与国家体育中心（鸟巢）隔北京中轴线东西相对。

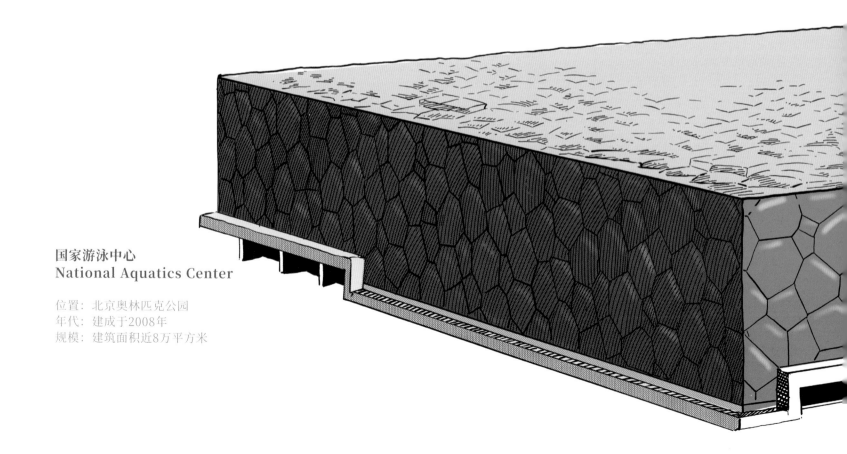

国家游泳中心
National Aquatics Center

位置：北京奥林匹克公园
年代：建成于2008年
规模：建筑面积近8万平方米

国家游泳中心又称"水立方""冰立方"，其设计建造动机同样来自于 2008 年北京奥运会的筹办，2003 年面向全球招标设计方案，同年确定"水立方"方案，并于年底动工。通过四年多的建造，在 2008 年竣工，当时是作为奥运会游泳、跳水等水上项目的比赛场地。

但水立方并不是只服务于奥运会的临时性建筑，在设计之初就考虑到了建筑的可持续性使用，2008 年北京奥运会结束后，这里除举办水上体育赛事外，还成为北京市民运动健身、休闲娱乐的场所之一。之后，为了承办 2022 年北京冬季奥运会比赛项目，进行了服务冰上项目的建筑改造，此后国家游泳中心不只是"水立方"，也是"冰立方"。

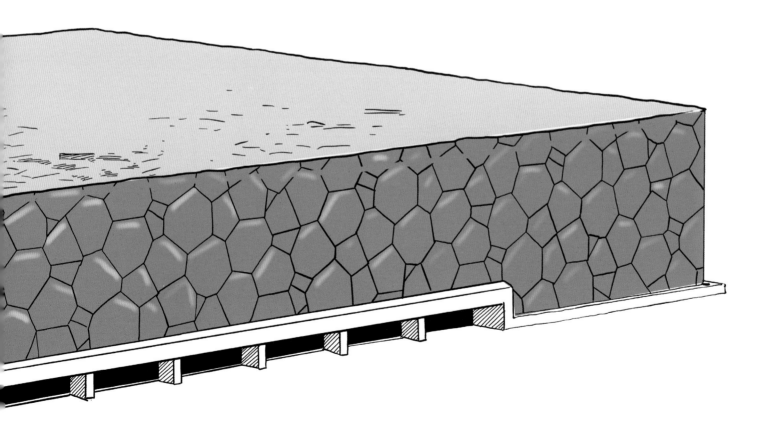

水立方总体造型类似一个晶莹剔透的"方盒子"。建筑平面呈正方形，长、宽各177米，高31米。内部按不同功能划分，设有比赛大厅、嬉水乐园、热身池、多功能厅等区域，集体育赛事、市民健身娱乐等多功能于一体。建筑外部南侧广场装饰大小错落的圆形装置，仿佛滴落水面的雨滴，景观设计和建筑总体造型相得益彰。后来改建的冰上运动中心就位于南广场地下。

"水立方"最具特点的就是表面的多边形结构，如同闪烁的冰晶，又像膨胀的泡沫。这其实是一种特殊的ETFE薄膜材料，由钢架结构支撑，覆盖薄膜，内部填充气体，形成三千余个大小不一的气枕。这种材质不仅有极富感染力的观赏效果，同时具有特殊的实用性，它起初是用于航天的一种超轻材质，后逐渐用于建筑，良好的延展性使之可以塑造更具特色的造型；透光率可以达到94%，能够为室内提供可观的自然光线和太阳能，并能够减少室内的热损失，达到节能的效果。但在建设施工上颇具难度，需要提前设计框架结构。虽然今天看到水立方表面的多边

表面材料透光、节能

国家游泳中心南北向剖面图

形结构似无规律可循，实际上是有一定重复性的，只是设计师巧妙地将这些重复结构进行了旋转排列，让建筑外立面总体呈现自然变换的面貌。

水立方外立面的"气枕"中安装有LED灯，轻盈透光的材料加上变换的灯光，使建筑不仅在日光下显得晶莹剔透，夜幕映衬下的灯光变化更是美轮美奂，时而充满现代科技感，时而又如水波荡漾。

在建筑整体造型上，"水立方"与不远处的"鸟巢"相呼应——鸟巢平面造型是椭圆形，水立方则为正方形；鸟巢外立面材质为外露的钢架结构，水立方则为相对柔软的充气薄膜；两座建筑的主要色彩来自内部建筑或LED灯光，鸟巢常用红色而水立方多为蓝色。坐落于北京中轴线东西两侧的两座建筑，体现了中国传统"天圆地方""刚柔并济"的理念，相互映衬、协调统一。

气枕中装有LED灯，夜幕中变化的灯光美轮美奂

表面的多边形结构，采用ETFE薄膜材料，由钢架结构支撑，内部填充气体，形成三千余个大小不一的气枕

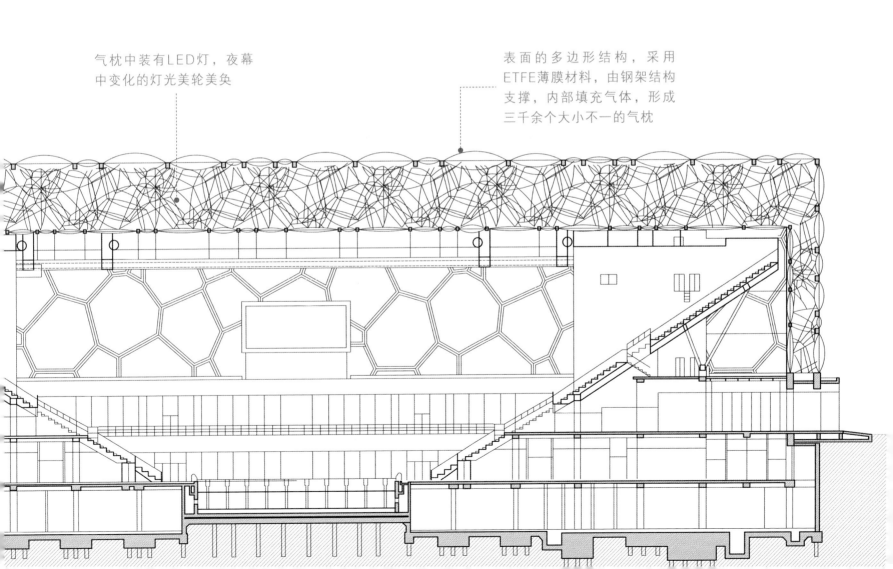

北京大兴国际机场

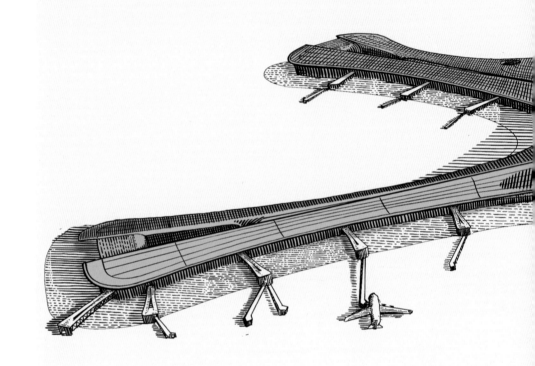

北京大兴国际机场
Beijing Daxing International Airport

位置：北京市大兴区榆垡镇、礼贤镇和河北省廊坊市广阳区之间
年代：2014年开工建设，2019年投入运营
规模："三纵一横"四条跑道，规划用地面积4500万平方米，航站楼建筑面积约70万平方米

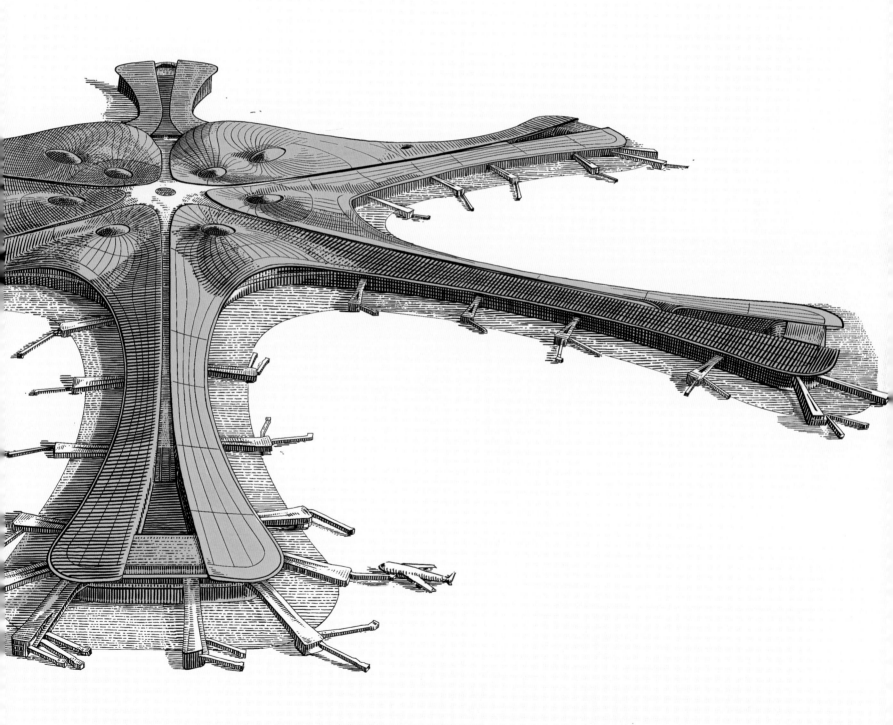

北京大兴国际机场位于北京市南郊，地处北京中轴线南延长线上，距离天安门广场约 46 千米。如今人们谈论北京城市新轴线时，通常将大兴机场视为城市南端的一座标志性建筑。

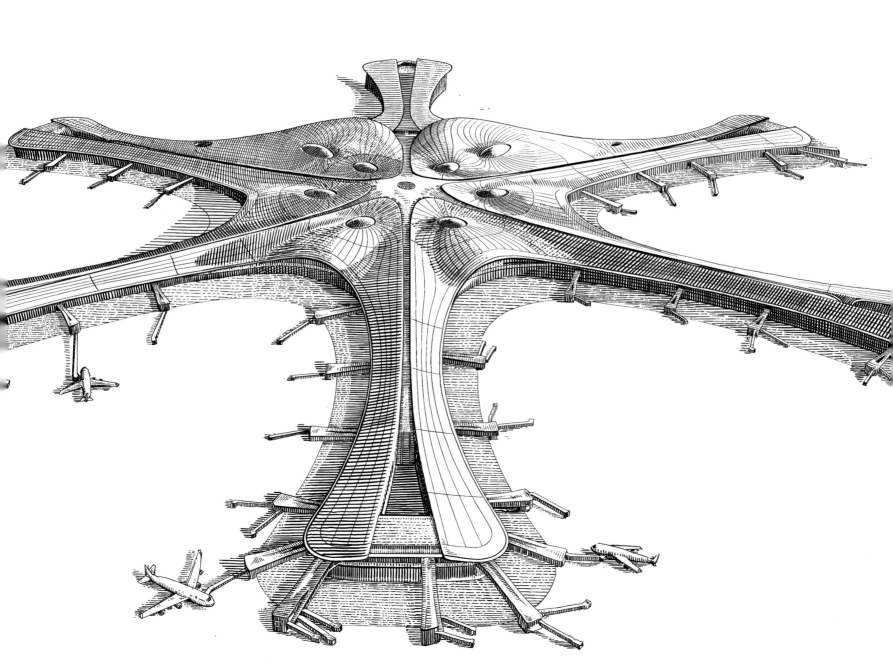

大兴机场航站楼建筑由法国巴黎机场工程公司（ADPi）和扎哈·哈迪德建筑事务所（ZAHA）为主要优化设计团队，完成了图纸设计。机场工程于 2014 年 12 月启动，历经近 5 年，于 2019 年 9 月投入运营。

俯瞰大兴机场航站楼，整体呈东西对称的六角形，南侧是左右对称的类五边形结构，每个角向外延伸出一条指廊，狭长的指廊中间细、两端宽；北侧两条指廊中间角度略大于其他夹角，接近 180 度，隔行车通道以北，是一条独立于航站楼的指廊形建筑，造型和其他五条指廊类似，只是在内部结构上不与航站楼主体建筑完全连通。

加上北侧的独立指廊，航站楼的"六角"呈平均分布。铜黄色的屋顶加上舒展的造型，如同阳光下准备起飞的火凤凰，与北京中轴线上古建的琉璃瓦屋顶遥相呼应，成为一古一今、一北一南的遥远对话。

航站楼建筑面积约 70 万平方米，南北总长约 996 米，东西宽约 1144 米，最高点离地面约 50 米。从外部看，大兴国际机场的异形金属屋顶主要由六组结构拼接而成，外部总体覆盖铜黄色金属板，起伏波动、线条流畅而富有韵律；北侧独立指廊的两片屋顶呈中间窄、两端粗的条状。每两片屋顶狭长位置的拼合处留有"缝隙"，安装玻璃窗为室内提供采光。

六组屋顶聚合处即是航站楼中心区，俯瞰可见一块巨大的六角形天窗，天窗的六个角分别延伸至六个指廊的端头，形成建筑的整体性和连贯性。除中心大天窗外，屋顶上还有八个椭圆形"气泡"天窗，为整座建筑增添了更多科技感和未来感。这八个椭圆天窗分别对应建筑内部的八个 C 形柱，也是中央大厅的主要承重结构。

航站楼的 C 形柱因其截面形状类似字母"C"而得名。与传统直上直下的承重柱不同，C 形柱整体呈倒锥形，单

侧开口，上部连接屋顶"气泡"天窗网架，起到采光的作用。环形结构外壁以白色流线造型衔接航站楼内屋顶，与室内结构融为一体，弱化了"柱"的视觉遮挡感，增强了室内空间的整体性。南侧四片屋顶靠近中心天窗处各设置一座 C 形柱，北侧两片屋顶因面积较大，各设置两座 C 形柱。

航站楼内部共七层，地上五层主要是值机、安检、登机以及候机、商店等功能区，地下二层主要是轨道交通区，连接通往北京城区，以及天津、河北等地的轨道交通路线。楼内部屋顶的金属网架、商业体造型、各楼层动线等均被设计成流线型，除使用功能外，还起到导视作用，增加了

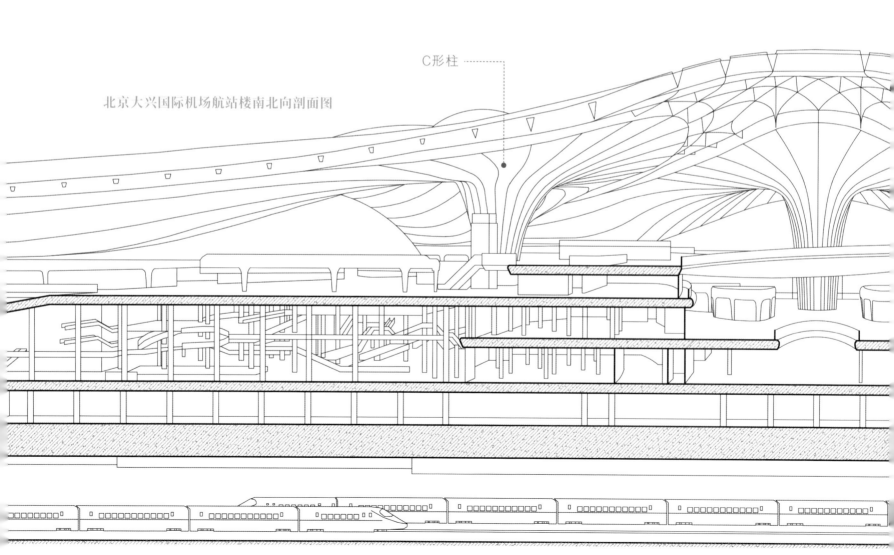

C形柱

北京大兴国际机场航站楼南北向剖面图

航站楼室内空间的"流动感"。

进入航站楼来到中心区，从内部看，中心屋顶的穹顶是一扇直径约 80 米的巨型玻璃窗，为航站楼内部带来充足采光。无柱设计加上纵深高、遮挡少、光线足的特点，使这个集散空间显得更为壮观。虽然航站楼体量庞大，但使用起来却颇为便捷。例如这种由中心区向四周散发多条指廊的设计有多方面优势，一是在各条指廊沿线设置有登机口，让航站楼可以同时服务更多航线；二是中心区作为值机、安检、商业等功能区，指廊作为登机口，乘客由中心区走向不同登机口，可以缩短行走距离；三是便于设置

更多服务设施，让"不那么繁忙"的旅客能"慢下来"，在机场空间中体验一次建筑和文化艺术之旅。

这就不得不谈到机场里的另一"巧思"，即围绕中国传统文化，在南侧五个指廊的端头分别设计主题庭院"丝园""茶园""瓷园""田园""中国园"，为这座国际机场增添了文化和艺术气息。值得一提的是机场南北轴线上有一件特殊的"作品"，即《一城一线》，以艺术作品展示古今北京中轴线，以及大兴机场与这条轴线的空间关系。这座机场建筑既有建筑本体的流动美感，也有颇具民族色彩的公共空间设计，还有高效便捷的实用功能，是北京中轴线延长线上独特的一笔。

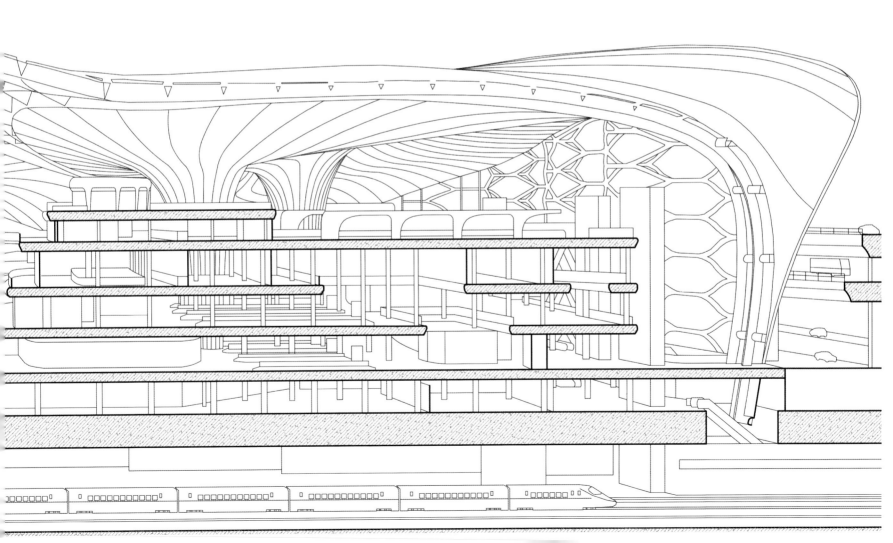

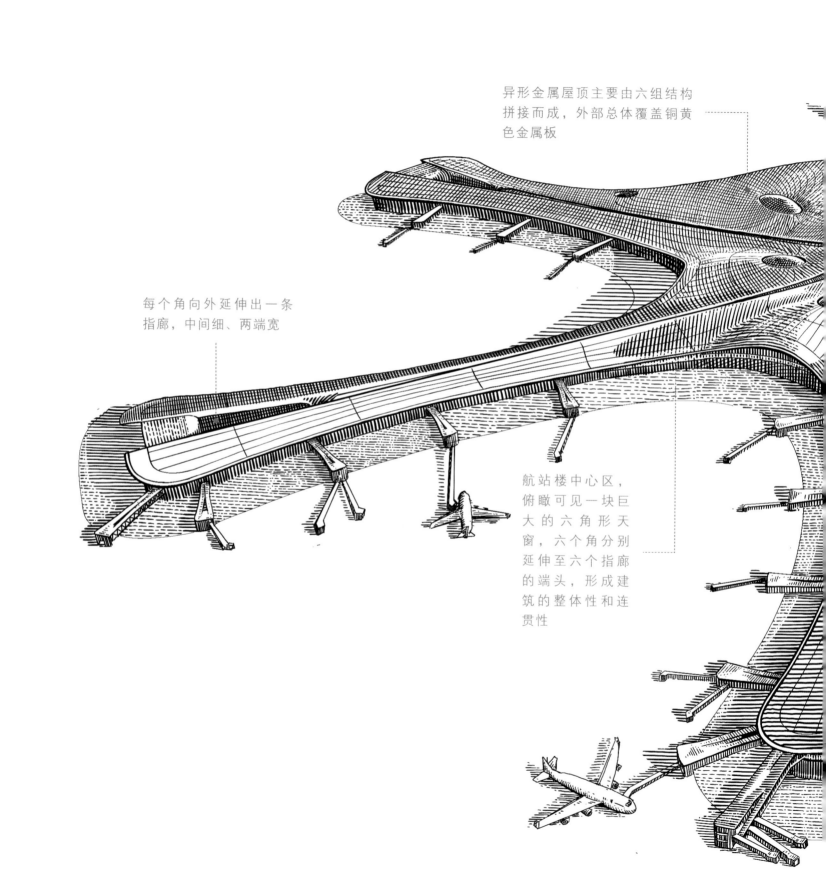

异形金属屋顶主要由六组结构
拼接而成，外部总体覆盖铜黄
色金属板

每个角向外延伸出一条
指廊，中间细、两端宽

航站楼中心区，
俯瞰可见一块巨
大的六角形天
窗，六个角分别
延伸至六个指廊
的端头，形成建
筑的整体性和连
贯性

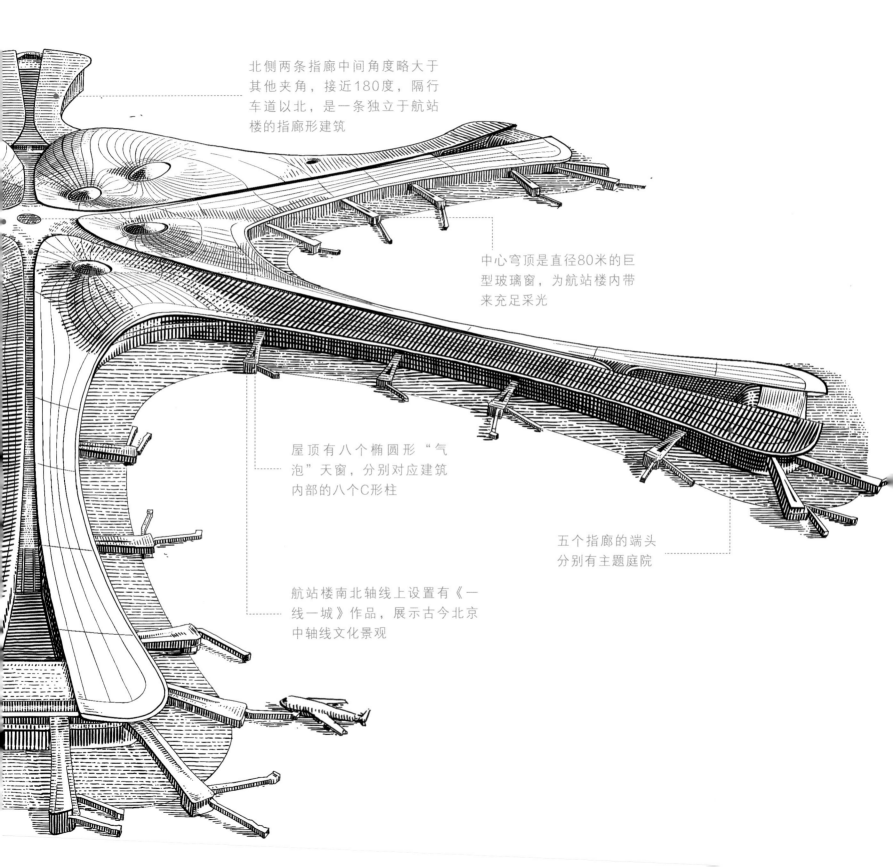

北侧两条指廊中间角度略大于其他夹角，接近180度，隔行车道以北，是一条独立于航站楼的指廊形建筑

中心穹顶是直径80米的巨型玻璃窗，为航站楼内带来充足采光

屋顶有八个椭圆形"气泡"天窗，分别对应建筑内部的八个C形柱

五个指廊的端头分别有主题庭院

航站楼南北轴线上设置有《一线一城》作品，展示古今北京中轴线文化景观

参考文献

[1] 北京市建筑设计研究院《建筑创作》杂志社 . 北京中轴线建筑实测图典 [M]. 北京：机械工业出版社，2005.

[2] 赵广超 . 紫禁城 100[M]. 北京：故宫出版社，2015.

[3] 朱祖希 . 北京城演进的轨迹 [M]. 北京：光明日报出版社，2004.

[4] 张连城等 . 北京的佛寺与佛塔 [M]. 北京：光明日报出版社，2004.

[5] 帝都绘工作室 . 中轴线 [M]. 北京：北京联合出版公司，2021.

[6] 赵莉娜 . 公共艺术视角下的北京中轴线文化价值研究 [D]. 北京：中央美术学院，2020.

[7] 刘保山 . 北京传统中轴线文化景观保护管理研究 [D]. 北京：北京建筑大学，2015.

[8] 张丹丹 . 北京故宫亭类建筑的大木构造特征研究 [D]. 北京：北京建筑大学，2019.

[9] 廖苗苗 . 北京什刹海地区传统建筑研究 [D]. 北京：北京建筑大学，2019.

[10] 曹鹏 . 明代都城坛庙建筑研究 [D]. 天津：天津大学，2011.

[11] 亚白杨 . 北京社稷坛建筑研究 [D]. 天津：天津大学，2005.

[12] 闫凯 . 北京太庙建筑研究 [D]. 天津：天津大学，2004.

[13] 王佩云 . 祈年殿式钢筋混凝土建筑结构研究 [D]. 北京：北方工业大学，2011.

[14] 王菲 . 清代永定门建筑意象及环境特征研究 [D]. 北京：北京建筑大学，2018.

[15] 景萌 . 大运河北京段古桥研究 [D]. 北京：北京建筑大学，2018.

[16] 李兴钢 . 第一见证："鸟巢"的诞生、理念、技术和时代决定性 [D]. 天津：天津大学，2011.

[17] 孙悦. 午门城楼修缮报告 [J]. 紫禁城, 2005, (3): 112-125.

[18] 王文涛. 中和殿宝顶 [J]. 紫禁城, 2008, (8): 120-121.

[19] 崔瑾. 保和殿大木构架类型与特点 [J]. 收藏家, 2009, (10): 69-74.

[20] 吕小红. 乾清宫古建筑维修简述 [C]// 郑欣淼, 朱诚如, 中国紫禁城学会. 中国紫禁城学会论文集: 第 5 辑. 北京: 紫禁城出版社, 2007: 359-365.

[21] 胡安, 李沙. 端门内檐彩画艺术初探 [J]. 古建园林技术, 2020, (3): 35-38.

[22] 李静, 董璁. 故宫御花园万春亭的结构和构造 [C]// 中国风景园林学会. 中国风景园林学会 2011 年会论文集: 上册. 北京: 中国建筑工业出版社, 2011: 323-329.

[23] 曹鹏, 王其亨. 图解北京天坛祈年殿组群营造史 [J]. 新建筑, 2010, (2): 116-121.

[24] 马全宝, 刘雨轩, 马婉凝, 等. 北京先农坛建筑布局与空间尺度研究 [J]. 北京文博文丛, 2022, (3): 39-46.

[25] 王淑娇. 起点与记忆: 历史轮回中的永定门及其空间功能阐释 [J]. 城市学刊, 2018, 39(4): 87-91.

[26] 张磊. 北京中轴线遗产正阳门箭楼保护与活化利用研究 [J]. 收藏家, 2022, (5): 105-110.

[27] 沈勃, 黄华青, 潘曦. 人民大会堂建设纪实 [J]. 建筑创作, 2014, (Z1): 24-91.

[28] 杜燕红. 新与旧的交融——中国国家博物馆改扩建工程中老馆与新馆的交接设计 [J]. 工业建筑, 2012, 42(9): 162-166.

[29] 郑方. 国家游泳中心——水立方的建筑空间与表达 [J]. 世界建筑, 2008, (6): 32-41.

[30] 王晓群. 北京大兴国际机场航站区建筑设计 [J]. 建筑学报, 2019, (9): 32-37.

读 者 服 务

读者在阅读本书的过程中如果遇到问题，可以关注"有艺"公众号，通过公众号中的"读者反馈"功能与我们取得联系。此外，通过关注"有艺"公众号，您还可以获取艺术教程、艺术素材、新书资讯、书单推荐、优惠活动等相关信息。

投稿、团购合作：请发邮件至 art@phei.com.cn。

扫一扫关注"有艺"

图书在版编目（CIP）数据

博物馆里看文明 ：图解北京中轴线 / 姚珊珊，朱光
千著 ；欧阳星绘．-- 北京 ：电子工业出版社，2024.
8. -- ISBN 978-7-121-48797-2

Ⅰ．TU-87

中国国家版本馆 CIP 数据核字第 20247H7P79 号

责任编辑：王薪茜
印　　刷：北京利丰雅高长城印刷有限公司
装　　订：北京利丰雅高长城印刷有限公司
出版发行：电子工业出版社
　　　　　北京市海淀区万寿路 173 信箱　　邮编：100036
开　　本：787×1082　1/12　　　印张：25.5　　字数：459 千字
版　　次：2024 年 8 月第 1 版
印　　次：2024 年 8 月第 1 次印刷
定　　价：128.00 元

凡所购买电子工业出版社图书有缺损问题，请向购买书店调换。若书店售缺，请与本社
发行部联系，联系及邮购电话：（010）88254888，88258888。

质量投诉请发邮件至 zlts@phei.com.cn，盗版侵权举报请发邮件至 dbqq@phei.com.cn。

本书咨询联系方式：（010）88254161 ~ 88254167 转 1897。